高等院校木材科学与工程专业规划教材

刨花板制造学

PARTICLEBOARD MANUFACTURING

梅长彤 主　编
韩广萍　吴章康 副主编
周定国 主　审

中国林业出版社

图书在版编目（CIP）数据

刨花板制造学 / 梅长彤主编. –北京：中国林业出版社，2012.12（2024.2 重印）
高等院校木材科学与工程专业规划教材
ISBN 978-7-5038-6955-6

Ⅰ.①刨… Ⅱ.①梅… Ⅲ.①刨花板制造学 – 制板工艺 – 高等学校 – 教材 Ⅳ.①TS653.2

中国版本图书馆 CIP 数据核字（2012）第 234348 号

中国林业出版社·教材出版中心

策划、责任编辑：杜　娟
电话、传真：83280473　83220109

出版发行	中国林业出版社（100009　北京市西城区德内大街刘海胡同 7 号） E-mail:jiaocaipublic@163.com　电话:(010)83223119 http://lycb.forestry.gov.cn
经　销	新华书店
印　刷	北京中科印刷有限公司
版　次	2012 年 12 月第 1 版
印　次	2024 年 2 月第 2 次印刷
开　本	850mm×1168mm　1/16
印　张	12.75
字　数	300 千字
定　价	38.00 元

未经许可，不得以任何方式复制或抄袭本书之部分或全部内容。
版权所有　侵权必究

木材科学及设计艺术学科教材
编写指导委员会

顾　　　问	江泽慧　张齐生　李　坚　胡景初
主　　　任	周定国
副 主 任	赵广杰　王逢瑚　吴智慧　向仕龙　杜官本　费本华

"木材科学与工程"学科组

组 长 委 员　周定国

副组长委员　赵广杰　刘一星　向仕龙　杜官本

委　　　员（以姓氏笔画为序）

于志明　马灵飞　王喜明　吕建雄　伊松林　刘志军
刘盛全　齐锦秋　孙正军　杜春贵　李凯夫　李建章
李　黎　吴义强　吴章康　时君友　邱增处　沈　隽
张士成　张　洋　罗建举　金春德　周捍东　周晓燕
夏玉芳　顾继友　徐有明　梅长彤　韩　健　谢拥群

秘　　　书　徐信武

前　言

人造板工业是林产工业领域的一个重要分支，与人类社会的发展、生态环境的建设以及科学技术的进步有着紧密的联系。近几十年来，特别是改革开放三十多年以来，我国人造板工业取得了突飞猛进的发展，其面貌发生了翻天覆地的变化。目前，我国人造板产量已居世界之首。我国正在朝着人造板工业大国和强国的目标迈进。

伴随着人造板工业的科技进步，专业人才培养也受到了国家、企业和全社会的高度重视。历经几代人的努力，在"人造板工艺学"的课程设置和教材建设方面已形成了自己的优势和特色，为我国人造板工业技术创新和赶超世界先进水平发挥了重要的作用。为了促进人造板教材的结构调整和质量提升，教育界提出了《胶合板制造学》、《纤维板制造学》和《刨花板制造学》三书合一的大胆构想，编写了《人造板工艺学》新教材，该教材以原料单元为主线，以工艺过程为重点，以材料改性为突破，形成了独特的个性和亮点，受到了各个学校和广大师生的欢迎，至今已进行了第二次修订，多次重印，并被评为教育部国家级规划教材及江苏省级精品教材。

在肯定新教材各方面优点的同时，编者和读者已经注意到该教材存在不足之处，比如，新教材在引进专业概念和具体技术时，入门起点偏高，引进速度偏快，学生的注意力难以集中，因此希望有一个循序渐进的平稳过渡。在广泛进行调查研究的基础上，我们组织编写了《胶合板制造学》、《纤维板制造学》和《刨花板制造学》三本教材，作为新教材的入门专业教材。这三本教材的共同特点是：既重视理论，更重视实践；既重视原料单元，更重视产品结构；既重视产业传承，更重视技术创新。相信这三本教材在人造板专业教学改革中必将发挥重要的作用。

本书由南京林业大学梅长彤（第1、2、4、5、7、9、10、12、13章）任主编，东北林业大学韩广萍（第3章）和西南林业大学吴章康（第6章）任副主编，南京林业大学徐信武（第8、11章）参编。梅长彤负责全文统稿，南京林业大学周定国教授担任本书主审。我们谨向为本书写作、编辑、出版和发行等作出积极贡献的各位专家、教授（其中特别包括年轻的专家和学者）和出版工作者表示衷心的感谢！

本书可供本科生在上"人造板工艺学"专业课程前先期阅读，提前接受专业感性认识，也可以用作大学生进行生产实习的专业辅助读物，还可以供企业管理人员以及操作工人阅读。

由于作者水平所限，本书难免存在不足之处，请广大读者批评指正，以便再版时得以修改完善。

编　者

2012年7月

目 录

前 言

第1章 绪 论 ………………………………………………………………（1）
    1.1 刨花板工业发展概况 ……………………………………………（1）
    1.2 刨花板的分类和特点 ……………………………………………（5）
    1.3 刨花板的基本性质 ………………………………………………（7）
    1.4 刨花板的用途 ……………………………………………………（9）
    1.5 刨花板的生产工艺流程 …………………………………………（10）

第2章 原料准备 ……………………………………………………………（12）
    2.1 原料的种类 ………………………………………………………（12）
    2.2 原料的性质和特点 ………………………………………………（13）
    2.3 原料对产品质量的影响 …………………………………………（21）
    2.4 原料的选择 ………………………………………………………（22）
    2.5 原料的贮存 ………………………………………………………（22）

第3章 刨花制备 ……………………………………………………………（25）
    3.1 刨花类型与形态 …………………………………………………（25）
    3.2 刨花制备工艺 ……………………………………………………（28）
    3.3 刨花贮存与运输 …………………………………………………（30）
    3.4 刨花制备设备 ……………………………………………………（36）

第4章 刨花干燥和分选 ……………………………………………………（46）
    4.1 刨花干燥 …………………………………………………………（46）
    4.2 刨花分选 …………………………………………………………（57）

第5章 刨花施胶 ……………………………………………………………（63）
    5.1 胶黏剂和添加剂 …………………………………………………（63）
    5.2 施胶工艺 …………………………………………………………（69）
    5.3 施胶方法 …………………………………………………………（73）

5.4 施胶设备 …………………………………………………………………………… (76)

第6章 板坯铺装和预压 …………………………………………………………………… (80)
6.1 板坯铺装 ………………………………………………………………………… (80)
6.2 板坯预压 ………………………………………………………………………… (85)
6.3 板坯预热 ………………………………………………………………………… (87)
6.4 板坯输送 ………………………………………………………………………… (88)
6.5 板坯检测 ………………………………………………………………………… (90)

第7章 刨花板热压 ………………………………………………………………………… (93)
7.1 热压的作用和方法 ……………………………………………………………… (93)
7.2 热压温度 ………………………………………………………………………… (94)
7.3 热压压力 ………………………………………………………………………… (98)
7.4 热压时间 ………………………………………………………………………… (101)
7.5 热压时影响刨花板性能的因素 ………………………………………………… (103)
7.6 热压过程中容易出现的问题及产品质量缺陷 ………………………………… (105)
7.7 热压设备 ………………………………………………………………………… (106)
7.8 高频加热和喷蒸热压 …………………………………………………………… (115)
7.9 热介质 …………………………………………………………………………… (118)

第8章 后期处理 …………………………………………………………………………… (120)
8.1 冷却 ……………………………………………………………………………… (120)
8.2 裁边 ……………………………………………………………………………… (121)
8.3 砂光 ……………………………………………………………………………… (123)
8.4 调质处理 ………………………………………………………………………… (126)
8.5 降低甲醛释放量处理 …………………………………………………………… (127)
8.6 检验分等 ………………………………………………………………………… (128)

第9章 均质刨花板 ………………………………………………………………………… (130)
9.1 概述 ……………………………………………………………………………… (130)
9.2 均质刨花板与普通刨花板的比较 ……………………………………………… (130)
9.3 均质刨花板的生产工艺 ………………………………………………………… (132)

第10章 结构型刨花板 …………………………………………………………………… (135)
10.1 华夫板 ………………………………………………………………………… (135)
10.2 定向刨花板 …………………………………………………………………… (138)
10.3 定向刨花层积材 ……………………………………………………………… (148)

第11章 非木材植物刨花板 ……………………………………………………………… (152)
11.1 概述 …………………………………………………………………………… (152)

11.2 麦秸（稻草）刨花板 …………………………………………………… (153)
11.3 蔗渣刨花板 …………………………………………………………… (157)
11.4 麻屑刨花板 …………………………………………………………… (160)
11.5 棉秆刨花板 …………………………………………………………… (163)

第12章 无机胶黏剂刨花板 ……………………………………………………… (166)
12.1 水泥刨花板 …………………………………………………………… (166)
12.2 石膏刨花板 …………………………………………………………… (173)
12.3 其他无机胶黏剂刨花板 ……………………………………………… (179)

第13章 模压刨花制品 …………………………………………………………… (182)
13.1 概述 …………………………………………………………………… (182)
13.2 家具类模压刨花制品 ………………………………………………… (183)
13.3 建筑类模压刨花制品 ………………………………………………… (187)
13.4 包装类模压刨花制品 ………………………………………………… (188)
13.5 模压工业配件 ………………………………………………………… (191)

参考文献 ……………………………………………………………………………… (192)

第1章

绪 论

　　刨花板是人造板的主要品种之一,是目前世界上年产量和消耗量最大的人造板产品。本章介绍了刨花板的定义,综述了国内外刨花板工业的发展概况及发展趋势,详细地叙述了刨花板的分类、特点和基本性质,简述了刨花板的用途,并以平压法渐变结构刨花板为例简介了刨花板的生产工艺流程。

　　刨花板是以木材或其他纤维植物为原料,经专门设备加工成刨花(或碎料),施加胶黏剂(或不施加胶黏剂),经过铺装、热压而制成的板材,是人造板的主要品种之一。

1.1 刨花板工业发展概况

1.1.1 国外刨花板工业发展概况

　　刨花板产品在20世纪初由美国研制成功,并于1905年获得专利权,但直到20世纪40年代才正式投入生产。1941年德国在不来梅州建立了世界上第一家具有一定规模的刨花板生产工厂,原料为干燥过的云杉锯屑。1942年,德国胶合板工厂股份公司及其合作者建立了另外一家刨花板工厂,采用箱式成型和多层压机,原料为山毛榉单板加工剩余物。1942—1943年,德国相继又建立起了几个非常小的刨花板生产工厂,年产量达到了1.0万t。1944年瑞士和美国有企业开始生产刨花板。1947年,比利时首次生产出了亚麻秆碎料板。1948年,德国人发明了连续式挤压机,运用立式挤压机生产刨花板。1952年,第一台试验性卧式挤压机在美国开始运行。1953年,设计了年生产能力为3.3万~4.0万 m^3 的卧式刨花板挤压机。在刨花板生产初期,工艺和设备都比较落后,产量质量也比较差,20世纪50年代以后才有了较大发展,单层热压机和连续式热压机开始应用于刨花板生产。20世纪70年代以前,在人造板生产中胶合板占据主导地位,纤维板工业也发展很快,刨花板虽然开始在欧洲、美洲和亚洲普及,但总产量依然相对较小。1960年全世界刨花板的产量仅占人造板总产量的10%。20世纪70年代以后,世界刨花板工业进入了快速发展期,并发明了用辊压法生产刨花板的技术。据联合国粮食及农业组织(FAO)统计,1976年世界刨花板总产量就达到了3300万 m^3,占全球人造板总产量的37%,到2004年世界刨花板总产量突破了10 000万 m^3 大关,达到了10 050.3万 m^3,占世界全部人造板总产量的44.6%,成为了世界上年产量最高的人造板产品。

　　刨花板作为人造板的主要板种之一,自20世纪40年代问世以来,在半个多世纪的发展历程中,凭借其优良的特性、广泛的应用领域及相对低廉的市场价格得到迅速发展，现已遍及世界各大洲。目前，世界的刨花板工业无论是产品质量、花样品种、生产能力、现代化水平还是在世界各国国民经济中的地位，与其发展初期相比都发生了翻天覆地的变化。表1-1为历年世界各类人造板产量，表1-2为2010年世界刨花板生产的主要国家。

表1-1 历年世界人造板产量统计   万 m³

年份	人造板总产量	胶合板产量	刨花板产量	纤维板产量	刨花板所占份额(%)
1965	3991.38	2432.28	922.34	636.76	23.1
1970	6657.70	3341.37	1914.14	1402.19	28.8
1975	8101.47	3466.21	3060.82	1574.44	37.8
1980	9690.23	3943.22	4050.87	1696.14	41.8
1985	10822.77	4479.99	4537.51	1805.27	41.9
1990	12379.07	4815.68	5541.83	2021.56	44.8
1995	14080.77	5513.50	6528.22	2039.05	46.4
2000	17749.65	5836.83	8502.96	3409.86	47.9
2001	17425.21	5470.08	8395.05	3560.08	48.2
2002	18615.08	5932.51	8582.64	4099.93	46.1
2003	20879.89	6885.11	9207.95	4786.83	44.1
2004	22521.87	6871.18	10050.26	5600.43	44.6
2005	23801.61	7328.49	10270.80	6202.32	43.2
2006	25176.99	7379.89	10867.41	6929.69	43.2
2007	26561.73	8150.99	11077.18	7333.56	41.7
2008	25279.80	7715.58	10352.69	7211.53	41.0
2009	25362.07	8108.57	9395.19	7858.31	37.0
2010	26678.27	8406.85	9405.14	8866.27	35.3
2011	26856.01	8425.15	9456.97	8973.90	35.2

表1-2 世界刨花板生产国前十名(2010年)

名次	国家	生产线数量(条)	总生产能力(万 m³)
1	中国	600	1261.0
2	德国	21	838.5
3	美国	39	805.1
4	俄罗斯	42	640.5
5	土耳其	26	518.2
6	法国	17	452.7
7	意大利	23	420.2
8	巴西	12	399.4
9	西班牙	15	344.7
10	泰国	22	319.7

1.1.2 中国刨花板工业发展概况

我国刨花板工业始于 20 世纪 50 年代，1958 年北京市木材厂在科研实验的基础上建成了我国第一个平压法刨花板车间，除砂光机是从德国进口外，其他设备均由国内生产。初期采用血胶和豆胶，1965 年开始采用脲醛树脂作为胶黏剂生产刨花板。20 世纪 50 年代末，我国从德国引进了两套立式挤压法刨花板生产线，分别安装在上海人造板厂和成都木材综合加工厂。20 世纪 70 年代末，全国各地、各部门、各系统纷纷仿照北京市木材厂年产 8000m^3 平压法刨花板生产设备，建设了一大批刨花板厂，但由于技术和设备问题，大多数的工厂不能正常生产，即使勉强生产出来刨花板，质量也很差。我国刨花板工业获得较快发展是在 70 年代末 80 年代初。1979 年北京木材厂从联邦德国比松公司引进了一套较为先进的年产 3 万 m^3 的单层平压法刨花板线，20 世纪 80 年代中期，我国又从比松公司引进技术与沈阳重型机械集团有限责任公司合作制造建设了一批年产 5 万 m^3 刨花板的成套设备和生产线，从此，我国刨花板工业走上了一条快速发展之路。1983 年，全国共有刨花板企业 127 家，产量达到了 12.74 万 m^3。但在 20 世纪 80 年代末到 90 年代，由于受到中密度纤维板产品的市场冲击，我国刨花板工业的发展一度出现停滞甚至下滑的趋势，进入 21 世纪以后，我国的刨花板生产又开始进入了一个持续快速增长的阶段，其间引进了代表国际先进水平的连续平压机生产线五条，其中包括目前亚洲规模最大的一条年产 22 万 m^3 的定向刨花板生产线，平均单线生产能力 26.4 万 m^3。2011 年我国拥有刨花板生产线约 600 多条，年产量达到 2559.39 万 m^3，居世界第一位。

我国的刨花板工业经历了由 20 世纪 80 年代上升到 90 年代下降，再由 21 世纪上升的反复过程。刨花板产量从 1962 年的 5413 m^3，到 2011 年的 2559.39 万 m^3，50 年间增长了 4727 倍。表 1-3 为 1981—2011 年我国人造板产量统计，可以看出刨花板所占份额。图 1-1 所示为我国刨花板生产发展趋势图。

表 1-3 1981—2011 年我国人造板产量统计　　　　　　万 m^3

年份	人造板总产量	胶合板产量	纤维板产量	刨花板产量	刨花板所占份额(%)
1981	99.61	35.11	56.83	7.67	7.7
1982	116.67	39.41	66.99	10.27	8.8
1983	138.95	45.48	73.45	12.74	9.2
1984	151.38	48.97	73.59	16.48	10.9
1985	165.93	53.87	89.50	18.21	11.0
1986	189.44	61.08	102.70	21.03	11.1
1987	247.66	77.63	120.65	37.78	15.3
1988	289.88	82.69	148.41	48.31	16.7
1989	270.56	72.78	144.27	44.20	16.3
1990	244.60	75.87	117.24	42.80	17.5
1991	296.01	105.40	117.43	61.38	20.7

(续)

年份	人造板总产量	胶合板产量	纤维板产量	刨花板产量	刨花板所占份额(%)
1992	428.90	156.47	144.45	115.85	27.0
1993	579.79	212.45	180.97	157.13	27.1
1994	664.72	260.62	193.03	168.20	25.3
1995	1684.60	759.26	216.40	435.10	25.8
1996	1203.26	490.32	205.50	338.28	28.1
1997	1648.48	758.45	275.92	360.44	21.9
1998	1056.33	446.52	219.51	266.30	25.2
1999	1503.05	727.64	390.59	240.96	16.0
2000	2001.66	992.54	514.43	286.77	14.3
2001	2111.27	904.51	570.11	344.53	16.3
2002	2930.18	1135.21	767.42	369.31	12.6
2003	4553.36	2102.35	1128.33	547.41	12.0
2004	5446.49	2098.62	1560.46	642.92	11.8
2005	6392.89	2514.97	2060.56	576.08	9.0
2006	7428.56	2728.78	2466.60	843.26	11.4
2007	8838.58	3561.56	2729.84	829.07	9.4
2008	9409.95	3540.86	2906.56	1142.23	12.1
2009	11353.36	4451.24	3488.56	1431.00	12.6
2010	15360.83	7139.66	4354.54	1264.20	8.2
2011	20919.29	9869.63	5562.12	2559.39	12.2

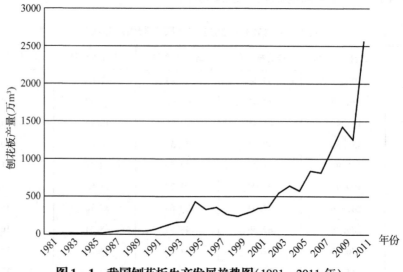

图1-1 我国刨花板生产发展趋势图(1981—2011年)

1.2 刨花板的分类和特点

1.2.1 刨花板的分类

按照不同的分类方法，可将刨花板分成以下的类型：

①按制造方法分：有平压法刨花板、辊压法刨花板和挤压法刨花板。

目前，世界范围内除少数企业采用辊压法生产薄型刨花板和用挤压法生产空心结构厚刨花板外，绝大多数工厂都采用平压法生产刨花板。

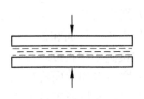

图1-2 平压法示意图

平压法刨花板：平压法刨花板是将施胶刨花平铺于垫板或钢带（或尼龙网带）上，加压时压力垂直于刨花板平面而制成的刨花板（见图1-2）。依压机的不同，平压法又分为间歇式（周期式）平压和连续式平压。间歇式平压机又有单层和多层之分，而连续式平压机均为单层压机。平压法生产刨花板，工艺设计灵活，可生产各种类型和厚度的刨花板，是制造刨花板的主要方法，本书介绍以平压法刨花板为主。

辊压法刨花板：辊压法刨花板是采用一组带有加热装置的压辊连续地加压，将铺装好的刨花坯料加工成连续的刨花板带。这种方法的优点是可连续地生产薄型刨花板，缺点是板材较容易发生翘曲变形，一般不宜单独使用，多用以替代单板做胶合板芯板或细木工板的面板。

挤压法刨花板：挤压法是采用加压方向与刨花板板面平行的方式制造刨花板，按照压机的不同又分为立式挤压和卧式挤压两种。立式挤压机的压板竖立放置，而卧式挤压机的压板平行于地面放置（见图1-3）。挤压法刨花板的抗弯强度很低，仅有平压法普通刨花板的1/10左右。虽然厚度方向吸水膨胀很小，但板子长度和宽度方向膨胀率很大，而且表面比较粗糙，一般只能采用单板贴面或塑料贴面板贴面的装饰方法。由于强度低、尺寸稳定性和外观质量差，目前仅有少量生产，主要用作门芯以及吸音隔热材料。

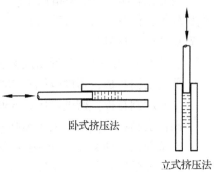

图1-3 挤压法示意图

②按原材料分：有木材刨花板、竹材刨花板和其他植物纤维刨花板。

木材刨花板，是以木材为原料，加入一定量的胶黏剂所制成的板材。

竹材刨花板，是以竹材为原料，加入一定量的胶黏剂所制成的板材。

其他植物纤维刨花板，是以木材和竹材以外的其他植物纤维为原料，加入一定的胶黏剂所制成的板材。根据植物纤维原料的种类，又分为棉秆刨花板、甘蔗渣刨花板、亚麻屑刨花板、麦秸刨花板、稻草刨花板等。

③按产品结构分：有单层结构刨花板、三层（或多层）结构刨花板、渐变结构刨花

板、均质刨花板、定向刨花板、华夫板、空心刨花板等。

单层结构刨花板：刨花不分大小，拌胶后均匀地铺装成板坯，热压成板，厚度方向上粗细刨花均匀分布。这种板的板面粗糙，强度低。

三层（或多层）结构刨花板：其表层是细小刨花，芯层是粗大刨花，厚度方向上有明显的层次感。这种刨花板强度高、尺寸稳定性好，表面细致平滑，适宜于各种表面装饰，它的芯层可以用较次的原料和较少的施胶量。需用三个（或多个）铺装头铺装。

渐变结构刨花板：从刨花板的表层到中心层，刨花粗细大小是逐渐变化的，表层最细小，芯层最粗大，但厚度方向上看不出明显的层次。这种刨花板表面比较细致平滑，强度较高、尺寸稳定性较好，一般用两个铺装头铺装。

均质刨花板：结构与单层结构刨花板类似，但全部采用较为细小的刨花，尤其是刨花厚度进一步减小，同时通过调整热压工艺，使表芯层密度差异缩小，板面和板边更加细密，整个板材结构比较均匀一致，其力学性能和加工性能基本接近于中密度纤维板。

定向刨花板：又称定向结构刨花板，是由窄长的薄平刨花，按一定的方向排列的单层或多层刨花板。单层定向结构刨花板的刨花成纵向排列（刨花的长度与板子长度方向一致），多层定向结构刨花板各层刨花的排列方向则互成一定的角度。这种板材的性能具有明显的方向性，调整各层刨花的尺寸、比例和排列角度，可以得到不同性能的板材。单层定向刨花板的纵向强度约为普通刨花板的 2.5 倍。

华夫板：用小径级木材刨切成宽平的大片刨花压制而成的板材。它的力学强度高于普通刨花板，抗弯强度和弹性模量可以达到或接近同厚度的胶合板。

空心刨花板：一般是指用挤压法生产的具有管状空心结构的刨花板。这种刨花板厚度比较大，刨花垂直于板面排列，产品有一定的抗压强度，但抗弯强度很低。一般用作隔音板和门芯材料等。

④按产品密度分：有低密度刨花板、中密度刨花板和高密度刨花板。

低密度刨花板，密度范围在 200~400kg/m³ 的刨花板。

中密度刨花板：密度范围在 550~800kg/m³ 的刨花板。

高密度刨花板，密度大于 800kg/m³ 的刨花板。

⑤按胶黏剂种类分：分为有机胶黏剂刨花板和无机胶黏剂刨花板。

有机胶黏剂刨花板，是以有机胶凝材料为胶黏剂制造而成的刨花板，如脲醛胶刨花板、酚醛胶刨花板、异氰酸酯胶刨花板等。

无机胶黏剂刨花板，是以无机胶凝材料为胶黏剂制造而成的刨花板，如水泥刨花板、石膏刨花板、矿渣刨花板、菱苦土刨花板等。

⑥按产品性能分：分为普通型刨花板、结构型刨花板和功能型刨花板。

普通型刨花板，又称普通刨花板，泛指普通的标准刨花板和经过表面加工或饰面处理后的刨花板。

结构型刨花板，指具有较高强度和耐候性，可以用于承载结构的刨花板，如定向刨花板、华夫刨花板等。

功能型刨花板，指具有一定特殊功能性的刨花板，如阻燃刨花板、防腐防霉刨花板、抗静电刨花板等。

1.2.2　刨花板的主要特点

刨花板既保持了木材原有的特点，又克服了木材的部分缺陷，且具备天然木材不具有的某些特性。

①纵横向强度差异小。普通的刨花板由于刨花排列均匀且纵横交错，因此产品的纵向和横向强度差别很小。而天然木材具有各向异性，纵向强度高，横向强度低。

②无天然缺陷。刨花板与天然木材相比，没有节、疤等天然缺陷，而且表面平整。

③幅面大，厚度和密度可控。天然木材由于受其径级的限制而不可能直接加工成大幅面的板材。但刨花板可以制成幅面很大的板材，如采用连续压机生产则长度可以不受限制。同时，其厚度和密度都可以根据产品用途进行人为调控。

④尺寸稳定性好。刨花板在纵、横方向上的膨胀、干缩率小且均匀，因此，在外界环境温度和湿度变化时，表现出具有良好的尺寸稳定性。

⑤加工性能良。刨花板具有良好的加工性能。可进行钻孔、开榫、钉着、镂刨、模压造型等机械加工，并可进行胶接、涂饰以及各种贴面装饰。

⑥可具备特种性能。在刨花板制造过程中，添加不同功能的化学药品，可使产品在保持原有性能的基础上具有一些特种性能，如耐水、防潮、防腐防霉、阻燃、抗静电等。

1.3　刨花板的基本性质

刨花板的基本性质决定于刨花板的最终用途。用于室外的结构类刨花板，要求不仅力学强度高，而且耐久性好；用于家具制造或室内装修的刨花板，要求具有一定的力学强度、光洁的表面以及较低的甲醛释放量；用于高层建筑的刨花板产品，还需要具有阻燃性能。

刨花板的基本性质可分为外观性能和内在性能。

1.3.1　外观性能

外观性能主要包括刨花板的外形尺寸及偏差、边缘不直度偏差、翘曲度、两对角线差以及加工缺陷(鼓泡、分层、边角缺损、胶斑等)。具体规定和测试方法参见相关国家标准。

1.3.2　内在性能

内在性能主要包括刨花板的物理性能、力学性能、耐久性(老化性能)和特殊性能等。

(1) 物理性能

刨花板的物理性能包括含水率、密度、吸水厚度膨胀率、游离甲醛释放量等，见表1-4。

表1-4 普通刨花板和定向刨花板的主要物理性能

指标	普通刨花板	定向刨花板(OSB)
含水率(%)	4~13	2~12
密度(g/cm³)	0.4~0.9	—
2h 吸水厚度膨胀率(%)	≤8.0	—
24h 吸水厚度膨胀率(%)	—	OSB1≤25 OSB2≤20 OSB3≤15 OSB4≤12
游离甲醛释放量(mg/100g)	E_1级≤8.0 E_2级≤30	≤8.0 仅采用脲醛树脂胶时测试
板内平均密度偏差(%)	≤±8.0	≤±15

(2) 力学性能

刨花板的力学性能主要包括静曲强度、弹性模量、内结合强度、表面结合强度以及握螺钉力等。具体指标要求详见相关国家标准。

静曲强度是指在弯曲静载荷作用下，板子抵抗外力破坏的能力，是刨花板一个很重要的力学性能指标。根据产品的厚度和应用场所不同，标准中对刨花板静曲强度值的要求也有所不同。

弹性模量是指弯曲静载荷试验时，在比例极限内应力与应变之间的关系，是表征刨花板刚性的性能指标，与静曲强度一样是刨花板标准规定的必测项目。同样地，根据产品的厚度和应用场所不同，对刨花板弹性模量的要求也不相同。

内结合强度是指刨花板在承受垂直于其表面的拉力作用时，板子内部抵抗破坏的能力。以前也称为平面抗拉强度，是衡量刨花之间胶合强度的一项重要质量指标。

表面结合强度是指刨花板承受垂直于其表面的拉力作用时，板子表面层抵抗破坏的能力。表面结合强度的大小对刨花板贴面装饰有着重要的影响。

握螺钉力是指刨花板对木螺钉的握持能力，系拔出钻入一定深度的木螺钉所需的最大阻力值。刨花板的握螺钉力又分为板面握螺钉力和侧面握螺钉力。

(3) 耐久(候)性

刨花板的耐久(候)性是指在自然条件下，刨花板长期随环境变化而保持其原有性能的能力。刨花板的耐久性体现为木材性能的变化和胶黏剂性能的变化，后者是主要方面。长时间承受恶劣的气候条件，胶层容易老化而逐渐失去胶合强度，缩短刨花板的使用寿命。因此，作为室外用和结构用的刨花板，最好选用耐候性好的酚醛树脂胶刨花板。刨花板的耐久性能一般采用快速老化试验进行测定。表1-5为德国、法国和美国的刨花板快速耐久性试验方法比较。

表1-5　德国、法国和美国的刨花板快速耐久性试验方法比较

步骤	条件	DIN V70	DIN V100	NF V313	ASTM 1037
浸水	20~70℃	1~2 h	—	—	—
	20~100℃	—	1~2 h	—	—
真空	20℃	—	—	3×24 h	—
	49℃	—	—	—	1 h
	70℃	5 h	—	—	—
	100℃	—	2 h	—	—
冰冻	-12℃	—	—	1×24 h	—
蒸汽	93℃	—	—	—	3 h
干燥	70℃	—	—	3×24 h	—
浸水	20℃	1 h	1 h	—	—
冰冻	-12℃	—	—	—	20 h
干燥	99℃	—	—	—	3 h
蒸汽	93℃	—	—	—	3 h
干燥	99℃	—	—	—	18 h
循环次数		1次	1次	3次	6次
试验总时间		8 h	5 h	21 d	12 d

注：DIN 为德国工业标准，NF 为法国标准，ASTM 为美国试验和材料学会标准。

1.4　刨花板的用途

刨花板用途广泛，概括起来有以下四个方面：

(1) 家具制造

刨花板可用于制造各种桌、柜、厨、床等家具，国内外生产的刨花板一般多用于家具制造。目前我国用于家具制造业的各种刨花板约占其总量的85.6%。

(2) 建筑材料

在建筑方面，刨花板可作地板、墙板、吊顶板、楼梯板及室内其他装修材料。定向刨花板可以用作轻型木结构建筑的内墙板、外墙板、屋顶板、工字梁腹板等。水泥刨花板、石膏刨花板、矿渣刨花板等在建筑上还可以做建筑构件等。建筑业是刨花板的第二大市场，在北美等国家，刨花板在建筑上用量超过其产量的50%。

(3) 车辆、船舶的内部装饰

作汽车、火车、轮船的内部装饰材料，是刨花板的又一应用市场。尤其是经过三聚氰胺装饰板或装饰纸贴面后的刨花板，在车辆和船舶的内部装修方面应用更为广泛。

(4) 其他方面

在其他方面，刨花板的用途也很广泛。如工业上用于制造各种操纵台、控制柜，在电子和轻工业上用于制造电视机和音响壳体，在运输业上用于制造各种包装箱和包装托盘等。

1.5 刨花板的生产工艺流程

刨花板生产工艺流程是指从原材料进车间到成品入库的整个加工工艺过程。

刨花板生产所含的主要工序有原料准备、刨花制备、刨花干燥、刨花分选、施胶、板坯铺装、热压、后期处理等。不同生产方法、不同产品结构的刨花板，其生产工艺流程各有不同。本书将着重介绍平压法普通刨花板的加工工艺。图1-4所示为平压法渐变结构刨花板生产工艺流程图。

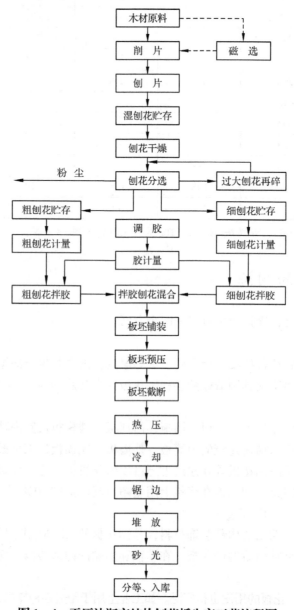

图1-4 平压法渐变结构刨花板生产工艺流程图

本章小结

刨花板是人造板的主要品种之一，是目前世界上年产量、消耗量最大的人造板产品，2011 年全球刨花板产量约为 9457 万 m^3，我国刨花板产量约为 2560 万 m^3，仍具有较大的发展潜力。刨花板种类繁多，市场上占主导地位的是用平压法生产的木质普通刨花板和定向刨花板，它们有着良好的性能，广泛应用于家具、建筑、包装及车船制造等领域。

思 考 题

1. 什么是刨花板？
2. 刨花板是如何分类的？
3. 刨花板的基本性质有哪些？
4. 刨花板主要应用于哪些领域？
5. 简述平压法刨花板的制造工艺过程，并绘制出渐变结构刨花板的生产工艺流程图。

第 2 章　原料准备

刨花板生产所用原料的主体是植物纤维原料，包括木材原料和非木材植物纤维原料。目前各国刨花板生产仍以木材原料为主。原料的种类和质量对生产工艺和产品性能有较大影响。本章对刨花板所用原料的种类、性质、特点及其对产品质量的影响进行介绍，并对原料的选择和原料的贮存进行了简述。

凡是具有一定纤维素含量的木材或其他植物都可以作为生产刨花板的原料，因此，刨花板原料来源十分丰富。但目前各国刨花板生产仍以木材原料为主。

2.1　原料的种类

制造刨花板的原料有木材原料和非木材植物纤维原料。

2.1.1　木材原料

刨花板生产中所采用的木材原料，一般都是一些低质、速生的原木和各种剩余物，以及部分回收的废旧木材制品。

①原木：等外材原木和小径级原木是制造刨花板比较好的原料，尤其是结构型的刨花板生产需要木材原料具有一定的径级，以保证所需刨花的形态。我国森林资源特别是大径级木材资源短缺，但天然林资源保护工程实施以来，我国许多地区都大面积营种速生丰产用材林，如意大利杨树和桉树等。目前我国人工林种植面积和蓄积量均居世界首位，丰富的速生小径木资源为我国刨花板工业的发展奠定了物质基础。

②林区剩余物：森林采伐所产生的枝丫材、梢头材、薪炭材，抚育过程中的间伐材、枝条等，都可以作为刨花板生产的原料。这类原料树皮含量较高，运输难度也比较大，可就地加工成木片，再运往刨花板厂。

③木材加工剩余物：木材加工剩余物种类很多，是目前我国刨花板生产的主要原料来源之一，包括制材生产过程中产生的截头、板皮、锯屑等，胶合板生产过程中产生的截头、木芯、碎单板及边条等，家具制造过程中产生的各种小板条、小木块、工厂刨花和锯屑等。

④废旧木材制品：废旧的木托盘、包装箱、汽车箱板、木家具等木材废弃物均可以作为刨花板的原料。但此类原料容易夹杂钉子和各种杂物，加工前必须清除干净，以免损伤刀具和影响产品性能。

2.1.2 非木材植物纤维原料

①竹类原料：我国竹材资源十分丰富，竹林面积占世界的 1/4，居世界第一位。各种竹材均可用于制造刨花板，用竹材制成的刨花板具有强度高、耐磨、耐腐蚀、耐久（候）性好等优点。竹材刨花板的静曲强度可达 40 MPa 以上。可用于制造刨花板的竹类原料有毛竹、慈竹、芦竹、糠竹、黄竹和杂竹等。

②藤灌木类原料：可用于制造刨花板的灌木及藤条类原料有胡枝子、山柳、荆条、沙柳、红柳、白刺、柠条、山桑、黄藤、葡萄藤等。

③农作物秸秆及其他农业剩余物：近年来，以农业剩余物为原料的刨花板生产得到了迅速的发展。这些原料主要包括麦秸、稻草、棉秆、麻秆、烟秆、芦苇、甘蔗渣等。

2.2 原料的性质和特点

原料的性质决定了原料的质量。因此，了解原料的性质和特点对于选择合理的生产工艺和设备都具有重要的现实意义。

2.2.1 木材的性质和特点

2.2.1.1 木材的解剖特性

木材是由无数细胞构成的，根据它们在木材中的位置、机能和生理作用不同，木材的细胞分为厚壁细胞和薄壁细胞。其中，起增进机械强度功能的是厚壁细胞，如针叶材的管胞、阔叶材的木纤维，这些细胞细长、壁厚、腔窄、两端较小，通称为纤维细胞（简称纤维）。纤维细胞决定着木材及其制品的机械强度，是影响刨花板质量的主要因素之一。除纤维以外的细胞称为"杂细胞"，如木材的木射线、薄壁细胞等，这些细胞壁薄、短小、切削加工时易碎，因此，"杂细胞"含量高的原料质量较差。细胞壁是木材的实质部分，是植物所特有的一种结构（见图 2-1）。

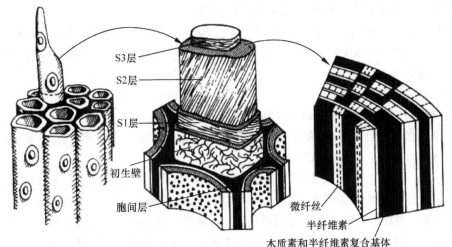

图 2-1 木材细胞壁结构示意图

针、阔叶材的各类细胞含量是不同的。针叶材中的管胞占整个木材体积的90%~95%，不同针叶材树种间的各类细胞组成变化不大。而阔叶材则不同，不同树种间的各类细胞组成差异很大，有的树种纤维含量高达80%，而有的树种纤维含量仅有16%。

2.2.1.2　木材的物理性质

木材的物理性质主要包括木材的水分、密度、湿胀干缩现象等，它们既关系到木材的加工，也与制品的性能关系密切。

(1) 木材的水分

通常，采伐后不久木材中的水分以自由水、吸着水、化学水三种形式存在。

①自由水：是指存在于木材细胞腔等大毛细管系统中的水分。这部分水分只对木材的密度、保存性、燃烧性等有影响，而对木材的其他性能基本上没有影响。

②吸着水：是指存在并被吸附于细胞壁等小毛细管系统中的水分。这部分水分不仅影响木材的密度，而且与木材的强度、胀缩、电和热的传导性等关系密切。

③化学水：存在于木材化学成分中，与木材呈化学方式结合，结合最紧密，用通常温度下的热处理无法除去。这部分水分只在木材化学加工(如木材干馏)时才起作用，且数量很少，一般不予考虑。

湿木材放置在空气中干燥，当自由水蒸发完毕而吸着水尚在饱和状态时，称为纤维饱和点，此时的木材含水率称为纤维饱和点含水率。纤维饱和点含水率反映的是吸着水的最大量，其因树种不同而有差别，通常在30%左右。纤维饱和点含水率有很重要的实际意义，它是木材许多性质在含水率影响下发生变化的起点。在此点以上时，木材的许多性质近乎不变，而在此点以下则随含水率的增减而发生明显的变化。

(2) 木材的湿胀干缩

木材与金属、塑料等其他材料最大的不同，就在于木材会因其水分的变化而发生湿胀干缩现象。木材含水率在纤维饱和点以上时，水分变化几乎不会导致干缩和湿胀；当其含水率降低到纤维饱和点时，就会开始干缩，含水率越低则干缩越多，含水率降低到零时，木材干缩达到最大。反之，在纤维饱和点以下木材随含水率的增加而膨胀，直到含水率达到纤维饱和点，则木材膨胀达到最大值。

木材为各向异性材料，它的干缩和湿胀在各个方向上存在较大差异。纵向最小(约0.1%)，径向居中(约3%~7%)，弦向最大(约6%~14%)。不同树种木材的干缩湿胀率也有较大差异。

(3) 木材的密度

木材的密度是指单位体积木材的质量，一般以单位 g/cm^3 表示。它是木材物理性质的一项重要指标，并与木材的其他物理性质如强度、硬度、干缩率、湿胀率等密切相关，因此可以根据它来估计木材的质量。

木材是由细胞壁和细胞腔以及其他空隙构成的多孔性物质，因此，木材的密度有容积密度、胞壁密度和实质密度之分。木材实质密度是去除所有空隙后的木材密度，与树种关系很小，通常取 $1.5\ g/cm^3$。木材胞壁密度因树种不同而异，一般为 $0.71~1.27\ g/cm^3$。根据含水率不同，木材的容积密度又分为基本密度(绝干质量与生材体积之比)、生材密度(生材质量与生材体积之比)、气干密度(气干质量与气干体积之比)和绝干密度(绝干质量与绝干体积之比)。刨花板生产中最常用的是气干密度,我国规定的气干含水率为15%。本书后面章节所涉及木材密度,如无特殊说明均指气干密度。

2.2.1.3 木材的力学性质

木材原料本身的力学性质在某种意义上决定了刨花板产品的物理力学性能,同时对热压工艺也有重要影响。

木材的力学性质主要包括木材的强度(抗拉强度、抗压强度、抗弯强度、抗剪强度等)、木材的弹性和塑性、蠕变性能以及硬度等。木材的强度是木材重要的力学性质,它表示木材抵抗外部机械力作用的能力。木材的各向异性决定了木材在各个方向上存在较大的性能差异,一般说来,木材的抗拉强度纵向大于横向,而抗压强度和抗剪强度横向大于纵向。不同树种的木材强度差异很大。影响木材强度的因素很多,主要是木材缺陷,其次是木材密度、含水率、生长条件、解剖因子等。通常密度大的木材硬度高、强度亦大。木材的弹塑性和蠕变与含水率和温度关系密切,它们对于刨花板的热压工艺以及产品性能有着较大影响。

2.2.1.4 木材的化学性质

木材是由多种复杂有机物质组成的复合体,其中绝大部分是高分子化合物。木材的化学性质不仅取决于木材中化学成分的种类和含量,而且还取决于各种化学成分的分布及其相互之间的关系。

(1) 木材的化学成分

木材的主要化学成分为纤维素、半纤维素和木质素,总量超过木材的90%,是木材细胞壁的主要成分(见图2-1)。木材中的主要化学成分在木材中的分布是不同的,细胞壁内以纤维素为主,而胞间层物质则以木质素为主,其余是半纤维素和果胶,胞间层中纤维素所占比例极小。除主要成分外,木材中还有一些次要成分,如单宁、树脂、果胶质、蜡、挥发性油、色素、生物碱等,含量一般小于10%。这些次要成分有的存在于木材的细胞腔内,有的黏附在细胞壁上,它们容易被水、稀碱液和有机溶剂抽提出来,故又称为木材抽提物。不同树种的抽提物含量及种类是不同的,甚至差别很大。同一树种因立地条件、树龄及采伐季节的不同,抽提物也有明显差异。此外,木材中尚有不到1%的无机物(灰分)。

温带针叶树材和阔叶树材的主要化学组分分别为:纤维素42%±2%,45%±2%;半纤维素27%±2%,30%±5%;木质素28%±3%,20%±4%;抽提物3%±5%,2%±3%。几种主要国产木材的化学组分见表2-1。

从表2-1中可以看出,针叶材与阔叶材纤维素含量差别不大,但半纤维素和木质素的含量有明显区别,针叶材的木质素含量高于阔叶材,而阔叶材中半纤维素含量高于针叶材。

表 2-1 几种主要国产木材的化学组分（以绝干材为准）   %

树种	灰分	冷水抽提物	热水抽提物	1% NaOH抽提物	苯-乙醇抽提物	克-贝纤维素	克-贝纤维素中的α-纤维素	木质素	半纤维素	木(竹)材中的α-纤维素	产地
针叶树材											
臭冷杉	0.50	3.00	3.80	13.34	3.37	59.21	69.82	28.96	10.04	41.34	黑龙江
柳杉	0.66	2.18	3.45	12.68	2.47	55.27	77.86	34.24	11.18	43.03	安徽
杉木	0.26	1.19	2.66	11.09	3.51	55.82	78.90	33.51	8.54	44.04	福建
落叶松	0.38	9.75	10.84	20.67	2.58	52.63	76.33	26.46	12.18	40.17	黑龙江
黄花落叶松	0.28	10.14	11.48	20.98	3.37	52.11	76.71	26.21	11.96	39.97	黑龙江
鱼鳞云杉	0.29	1.69	2.47	12.37	1.63	59.85	70.98	28.58	10.28	12.18	黑龙江
红皮云杉	0.24	1.75	2.79	13.44	3.54	58.96	72.18	26.98	9.97	42.56	黑龙江
黄山松	0.20	2.61	3.85	15.59	4.89	60.84	71.47	25.68	9.82	43.48	安徽
红松	0.30	4.64	6.53	69.50	7.54	53.98	69.80	25.56	9.48	37.68	黑龙江
马尾松	0.18	1.61	2.90	10.32	3.20	61.94	70.15	26.84	10.09	43.45	安徽
马尾松	0.42	1.78	2.68	12.67	2.79	58.75	73.36	26.86	12.52	43.10	广州
鸡毛松	0.42	1.06	2.03	11.76	2.11	56.88	74.66	31.54	5.99	42.47	广东
金钱松	0.28	1.59	3.47	12.26	2.67	57.55	70.13	31.20	11.27	40.62	安徽
长苞铁杉	0.18	1.65	2.89	14.13	3.47	55.79	80.58	31.13	7.65	44.96	湖南
阔叶树材											
槭木	0.51	3.30	4.14	18.33	3.82	59.02	73.75	22.46	25.31	43.53	黑龙江
拟赤杨	0.40	1.51	2.21	18.82	2.41	58.70	78.52	21.55	22.95	46.10	湖南
光皮桦	0.27	1.34	2.04	15.37	2.23	58.00	73.17	26.24	24.94	42.44	湖南
棘皮桦	0.32	1.56	2.22	23.24	3.39	59.72	71.84	18.57	30.12	42.90	黑龙江
白桦	0.33	1.80	2.11	16.48	3.08	60.00	69.70	20.37	30.37	41.82	黑龙江
苦槠	0.40	3.59	5.46	17.23	2.55	59.43	78.36	23.46	22.31	46.57	福建
山枣	0.50	3.86	6.05	21.61	6.47	58.77	83.45	21.89	22.04	49.04	福建
香樟	0.12	5.12	5.63	18.62	4.92	53.64	80.17	24.52	22.71	43.00	福建
大叶桉	0.56	4.09	6.13	20.94	3.23	52.05	77.49	30.68	20.65	40.33	福建
水青冈	0.53	1.77	2.51	15.52	1.65	55.79	78.46	27.34	23.33	43.77	湖南
水曲柳	0.72	2.75	3.52	19.98	2.36	57.81	79.91	21.57	26.81	46.20	黑龙江
核桃楸	0.50	2.47	4.72	22.35	5.39	59.65	77.22	18.61	22.69	46.06	黑龙江
苦楝	0.52	0.52	1.88	15.07	1.79	57.58	74.82	25.30	19.62	43.08	安徽
毛泡桐	1.13	10.30	13.02	29.55	9.84	58.92	75.18	21.37	21.32	44.30	安徽

(2) 主要成分的结构与性质

①纤维素：纤维素是不溶于水的简单聚糖，是由大量的 D-葡萄糖基彼此通过 1，4 位碳原子上的 β-糖苷键连接而成的直链巨分子化合物，具有特殊的 X 射线图。纤维素的分子式可用 $(C_6H_{10}O_5)_n$ 表示，式中 $C_6H_{10}O_5$ 为葡萄糖基，n 为聚合度。天然状态下的棉、麻及木纤维素，n 近于 10 000。纤维素分子链的结构式如图 2-2 所示。

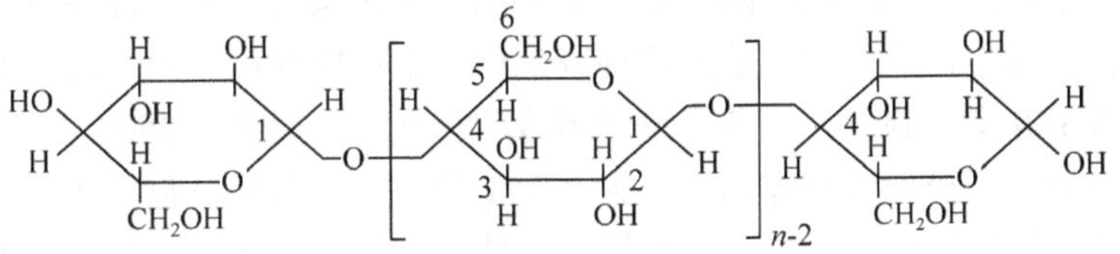

图 2-2 纤维素分子链的结构式

纤维素是木材细胞壁中"骨架"物质，主要为木材提供强度。纤维素纤维的物理结构中，存在着由纤维素分子链高度整齐排列的结晶区部分和排列不整齐的非结晶区（无定型区）部分（见图 2-3）。两者没有明显的界限，但有相对的过渡。纤维素的无定型区有大量的游离羟基存在，羟基具有极性，能吸附极性水分子，形成氢键，因此，纤维素的无定型区具有吸湿性，结晶区则没有。纤维素吸湿后，水分子会进入无定型区，与纤维素分子链的羟基形成氢键结合，使纤维素分子链间的距离增大，宏观上反映为木材膨胀。纤维素无定型区所占的百分比越大，吸湿性就越大，会影响制品的物理力学性能，因此，选用原料和制定工艺时要从多方面加以考虑。

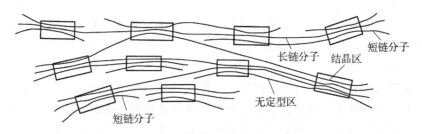

图 2-3 纤维素大分子的结晶区和非结晶区示意图

纤维素为白色、无臭、无味，具有各向异性的高分子化合物，其密度为 1.50 ~ 1.56g/cm³。纤维素的化学性质比较稳定，不溶于水和有机溶剂，但可以溶于铜氨、浓磷酸和氯化锌溶液。一般强碱或弱碱对其不起作用，但在强碱或弱碱条件下加热，部分低聚合度的纤维素会溶解。在酸的作用下可以发生水解而得到葡萄糖。

纤维素的耐热性不如木质素。在高温下即使没有酸的存在，只要与水作用也会发生水解反应，但水解反应速度较慢。在高温作用下纤维素会产生热降解。纤维素热降解的程度与温度的高低、作用时间的长短及介质中的水分和氧气含量等有密切关系。温度高则降解反应加快，纤维素加热到 100℃ 时其化学性质尚未改变，大约从 160℃ 开始纤维素被破坏，230 ~ 240℃ 开始脱水，到达 275℃ 时纤维素大量分解。受热时间越长，降解越严重。氧气对热解速度影响很大，例如，在空气中加热至 140℃ 以上，纤维素聚合度显著下降，但在同样温度的惰性气体中加热，则聚合度下降速度很慢。纤维素在空气中加热所发生的变化，先是氧化，随后才是分解。总的来看，一般纤维素可经受短暂的高温(200~230℃)加热而不会立刻分解。了解纤维素在高温作用下的热解和水解作用，对于掌控热压工艺是很有帮助的。

②半纤维素：半纤维素又称戊聚糖，系指除纤维素以外的所有非纤维素碳水化合物（少量果胶质与淀粉除外）的总称。半纤维素是由木糖、甘露糖、葡萄糖、阿拉伯糖、半乳糖、葡萄糖醛酸、半乳糖醛酸等单糖类的缩合物所构成。某树种一般含有几种不同的半纤维素，而其中任何一种又是由两种或三种以上单糖基构成的不均一聚糖。半纤维素各分子链常带有支、侧链，主分子链的聚合度很低，约为70~250。

半纤维素的分子排列没有方向性，为无定型物质，成粉状，包围在纤维素纤丝的外边。所以半纤维素的稳定性很差，吸水性强，能溶于碱，甚至溶于热水，很容易被酸水解为单糖，耐热性也差，在100℃以下就开始软化，在高温下极易分解而焦糖化。因此，半纤维含量过高，会对产品的耐水性、尺寸稳定性等带来不利的影响。

③木质素：木质素在植物纤维中与半纤维素共同构成结壳物质，存在于胞间层与细胞壁上微纤丝之间。木质素是一类复杂的芳香族物质，是一种具有立体网状结构的天然高分子聚合物，它的相对分子质量很大，约在800~10 000。构成木质素的基本单元是苯丙烷，这些基本单元通过比较稳定的醚键和碳—碳键彼此连接在一起。

木质素是热塑性物质，因其是无定型物质，所以无固定的熔点。木质素因树种不同，其软化和熔点温度也不一样，熔化温度最低为140~150℃，最高为170~180℃。木质素的软化温度与含水率高低有密切关系，提高木材含水率可以显著降低木质素的软化温度。

在木质素结构中存在有甲氧基、羟基、羰基、烯醛基和烯醇基等多种化学官能团，化学活性很高，可以起各种化学反应，如氧化、酯化、甲基化、氢化等，还可与酚、醇、酸及碱等起作用。

④抽提物与酸碱性：木材的抽提物是指除构成细胞壁的纤维素、半纤维素和木质素以外，经中性溶剂如水、乙醇、苯、乙醚、水蒸气或稀酸、稀碱溶液抽提出来的物质的总称。抽提物是广义的，除构成细胞壁的结构物质外，所有内含物均包括在内。植物原料抽提物含量少者约为1%，多者高达40%以上。抽提物含量随树种、树龄、树干部位以及生长立地条件的不同而有差异，一般心材高于边材。抽提物不仅决定原料的性质，而且是制定刨花板加工工艺的依据条件之一，它不仅影响制品的质量，有些还会对加工设备造成腐蚀。

木材的酸碱性也是原料重要的化学性质之一，其中包括存在于细胞腔、细胞壁中的物质经水抽提后所得到的抽提液呈现出来的pH值，总游离酸和酸碱缓冲容量等方面的性质。木材的pH值泛指其水溶性物质呈酸性或碱性的程度。国内外研究测试结果表明，世界上绝大多数木材呈弱酸性，只有个别呈弱碱性，一般pH值介于4.0~6.1。

木材的酸碱性对刨花板制造有重要影响。刨花板生产中常用的脲醛树脂是在酸性条件下固化的胶黏剂，木材中的碱性物质不利于脲醛树脂的固化，因此，碱缓冲容量高的木材需要消耗更多的酸性固化剂才能保证胶合质量。

2.2.2 非木材植物的性质和特点

我国是一个农业大国，虽然森林资源相对匮乏，但非木材植物原料资源十分丰富，仅麦秸和稻草每年产出就超过4亿t。因此，有效利用丰富的非木材植物资源，对于缓解我国木材供需矛盾有重大意义。开发利用非木材原料生产人造板已成为国内外科研部门和生产企业关心的热点课题之一。迄今为止，我国已开发了麦秸、稻草、竹材、棉秆、甘蔗渣、麻秆等10多种非木材植物原料，生产出了性能优良的刨花板产品。

与木材相比，非木材原料在宏观与微观构造、物理力学性能和化学特性等方面均有其特殊性，具体表现为以下方面：

非木材原料与木材相比，一般同一种原料的外径在长度上变化较小，相对匀称，且有中空和实心结构之分，外表层有的较坚硬或有一层蜡质，但不同种类原料间差异非常显著。非木材纤维原料的生长靠的是植物末梢和节部的分生组织，因此茎秆的径向生长较少，主要是纵向延伸。非木材原料的纤维细胞短，平均长度一般为1.0~2.0 mm，非纤维细胞多，它们主要由维管束组织、薄壁细胞和外皮组织等构成。表2-2为不同原料的细胞构成情况。

表2-2 各种原料的细胞组成   %

原料	纤维细胞	薄壁细胞		导管	表皮细胞	竹黄①	其他
		秆状	非秆状				
马尾松	98.5	—	1.5	—	—	—	—
钻天杨	76.7	—	1.9	21.4	—	—	—
慈竹	83.8	—	1.6	—	12.8	1.8	
毛竹	68.8	—	—	7.5	—	23.7	—
芦苇	64.5	17.8	8.6	6.9	2.2		
棉秆(去皮)	70.5	6.7	4.9	3.7	10.7		3.5
甘蔗渣	70.5	10.6	18.6	5.3	1.2		
稻草	46.0	6.1	40.4	1.3	6.2		
麦草	62.1	16.6	12.8	4.8	2.3		1.4
高粱秆	48.7	3.5	33.3	9.0	0.4		5.1
玉米秆	30.8	8.0	55.6	4.0	1.6		
蓖麻秆	80.0		9.5	10.5	—		
龙须草	70.6	6.7	4.9	3.7	10.7		3.5

① 在竹类原料中有较多薄壁细胞和石细胞，由于其形状很相近，因而在测量时不易严格区分，故统称竹黄。

由表2-2可以看出，杂细胞含量针叶材最低，一般仅为1.5%左右；阔叶材次之；再次是竹材，为20%~35%；草类原料杂细胞含量最高，达40%~60%。原料的杂细胞不仅影响板子强度，而且在刨花板生产过程中，易形成大量细屑，使原料利用率降低，同时控制不好，还会造成环境的污染。

由表2-2还可以看出竹材、麻秆、芦苇、甘蔗渣、棉秆等的纤维细胞含量已接近

表 2-3　几种非木材原料的化学组分　　　　　　　　　　　%

| 种类 | 产地 | 水分 | 灰分 | 抽出物 | | | | 戊聚糖 | 蛋白质 | 果胶 | 木质素 | 综纤维素 | 纤维素 | 聚半乳糖 | 聚甘露糖 |
				冷水	热水	乙醚	苯醇	1% NaOH溶液							
马尾松	四川	14.47	0.33	2.21	6.77	4.43	—	22.87	8.54	0.86	0.94	28.42	—	51.86	0.54	6.00
落叶松	内蒙古	11.67	0.36	0.59	1.90	1.20	—	13.03	11.27		0.99	27.44	—	52.55	—	—
毛白杨	北京	7.98	0.84	2.14	3.10	—	2.23	17.82	20.91			23.75	78.85			
杨-214	河北	7.57	0.65	1.56	3.26		1.89	23.11	22.64			24.52	79.71			
毛竹	福建	12.14	1.10	2.38	5.96	0.66	—	30.98	21.12		0.70	30.67	—	45.50		
慈竹	四川	12.56	1.20	2.42	6.78	0.71		31.24	25.41		0.87	31.28	—	44.35		
芦苇	河北	14.13	2.96	2.12	10.69		0.74	31.51	22.46	3.40	0.25	25.40	—	43.55		
芦苇	江苏	9.63	1.42	—		2.32		30.21	25.39			20.35		48.58		
甘蔗渣	四川	10.35	3.66	7.63	15.88		0.85	26.26	23.51	3.42	0.26	19.30		42.16		
蔗髓	四川	9.92	3.26	—		3.07		41.30	25.43			20.58		38.17		
棉秆	四川	12.46	9.47	8.2	25.65		0.72	40.23	20.76	3.14	3.51	23.16		41.26		
高粱秆	河北	9.43	4.76	8.08	13.88		0.10	25.12	24.40	1.81		22.51	—	39.70		
玉米秆	四川	9.64	4.66	10.65	20.40		0.56	45.62	24.58	3.83	0.45	18.38	—	37.68		
麦草	河北	10.65	6.04	5.36	23.15		0.51	44.56	25.56	2.30	0.30	22.34	—	40.40		
稻草	河北	—	14.00			5.27	—	55.04	19.80		—	1193		35.23		

阔叶材,这就是上述原料能在刨花板生产中得到广泛应用的先决条件。当然,决定原料质量的因素很多,除了纤维细胞含量外,还包括纤维形态、化学组成及原料机加工性能等。表 2-3 列出了几种非木材原料的化学组分。

通过比较发现,非木材植物的纤维素含量一般都小于木材,竹材、棉秆、甘蔗渣和芦苇等的纤维素含量接近,而草类原料最低。非木材植物原料的抽提物含量远高于木材,这将直接影响板的胶合性能和制板工艺的制定,尤其对无机胶黏剂刨花板的生产工艺影响较大。

棉秆、麻秆、甘蔗渣等非木材植物原料中均含比例较高的髓芯物质,这类物质具有较强的吸水性和吸湿性,在拌胶时容易吸收胶料,影响产品的胶合强度和耐水性。因此,使用这类原料时一定要尽量把髓芯去除干净。此外,棉秆和麻秆的外层还有柔软的外皮层,虽然它属于长纤维,但在生产过程中易缠绕风机叶片,不仅影响物料输送,而且极易造成设备故障;这类原料切削形成的皮纤维易卷曲成团,影响施胶的均匀,铺装中不易松散,影响铺装质量,所以在可能条件下应尽量除去外皮。

有些原料(如麦秸、稻草和竹材)的表面含有二氧化硅和蜡质,二氧化硅和蜡质所形成的非极性的表层结构,会影响胶黏剂的吸附和氢键的形成,从而影响板材的内结合强度,对贴面等二次加工也会造成不利影响。因此,用这些原料生产刨花板时,应考虑采取适当的措施尽量去除其表面的硅和蜡质,或者选用胶合性能更好的异氰酸酯作为胶黏剂。

2.3 原料对产品质量的影响

原料的质量是决定产品质量的关键因素之一。

2.3.1 原料种类的影响

一般说来，与非木材植物原料相比，木材原料纤维细胞含量高、形态好，抽提物和灰分含量低，没有髓芯和蜡质层，常用的木材胶黏剂都能实现良好的胶合，用其制造刨花板，物理力学性能优于非木材植物纤维为原料的刨花板。

以单一树种木材为原料，在刨花质量、干燥工艺和热压工艺控制方面比较容易掌握，因此制造的刨花板性能通常优于混合树种为原料的刨花板产品。

小径级原木和胶合板生产中的下脚料，可以制备出优质的刨花，与枝丫材和制材板皮等相比其树皮含量低，与工厂刨花和锯屑等相比其刨花形态好、纤维长，因此，由其制造的刨花板质量较好。

2.3.2 原料化学成分的影响

原料化学成分中最主要的是纤维素的含量。纤维素是组成各种纤维的骨架，决定着各种纤维的机械强度。原料的纤维素含量高，意味着产品的耐水性好、机械强度大。

半纤维素的聚合度很低，强度低、吸湿性高。半纤维素水解生成单糖，单糖在热压时受热容易焦化，产生粘板现象，使板面质量下降。

木质素本身的强度并不高，但木质素的耐水性好，耐热性高，可塑性好。木质素能发生缩合反应，在热压时，能像胶黏剂一样起到胶合作用。

2.3.3 木材密度和强度的影响

木材的密度直接影响板的质量。在刨花板质量相同的情况下，低密度木材比高密度木材的体积大。在相同胶种及施胶量的情况下，运用同样的热压工艺制成相同密度的板子时，低密度木材比高密度木材的压缩率大，使刨花之间的接触面积增加，故用低密度木材制成的板子强度较高。但是，在上述情况下，低密度木材被压缩得紧密，潜在变形能力大，当板子吸水或吸湿后，它的膨胀变形也会比较大。

木材本身的强度对板材强度影响很大。板子在使用过程中，多数情况下是承受静弯曲力的作用，基本上体现为拉伸和压缩变形，除胶黏剂和板材结构的因素外，在密度相同的情况下，强度大的木材制造的板子强度高。

木材的构造对板子的强度也有一定的影响。一般在相同工艺条件下，用构造细致的木材能加工制出光滑平整的刨花，可使胶黏剂最大限度的分布于刨花表面；而具有粗构造的木材往往只能获得表面粗糙多孔的刨花，使胶黏剂过多的渗入刨花内部，降低胶合强度。

2.3.4 抽提物和酸碱度的影响

在水和热的作用下，木材中的有些抽提物会出现在刨花表面，其中有些成分能提高产品的耐水性，但有些成分会影响胶合，从而影响产品质量。例如：树脂、树胶、三萜类、蜡等抽提物会使胶黏剂的黏附能力和胶结力下降，导致产品的力学性能降低，但会使其耐水性提高；木质酚能提高产品的耐腐、防虫和抗霉变能力；挥发性油易使产品在热压过程中发生鼓泡现象等。

木材的酸碱度对产品的性能影响不大，但对脲醛树脂胶的固化速度有显著影响。当原料的pH值变化较大时，如果仍采用固定不变的固化剂用量和热压工艺条件，就会直接影响刨花板的质量，甚至可能出现废品。

2.4 原料的选择

选用什么样的原料生产刨花板，将直接影响到产品的质量和经济效益。在选用原料时，除了考虑原料的质量以外，还应考虑原料来源丰富、价格低廉、运输和加工方便、制成的产品质量高等因素。

就原料质量来看，针叶材优于阔叶材，树干优于枝丫和梢头，边材优于心材，早材优于晚材。但刨花板生产是木材综合利用的途径之一，不可能只选优质的木材作为原料，必须充分利用现有的木材资源。为了尽可能制出强度高、质量好、不变形的板子，最好选用同一树种作为原料。当采用混合树种作为原料时，应尽量选用性质相近的材种，否则材性相差悬殊，会使板内产生较大的内应力，不仅给热压操作带来困难，而且会降低板子的强度和出现明显的翘曲变形。除考虑原料的质量外，还必须考虑原料的产量和成本。由于原料的需求量较大，因此，必须建立长期稳定的原料供应基地。原料的价格和收集、运输、贮存的难易程度，直接影响产品的成本，也必须予以重视。

科学合理地进行原料搭配，不仅能保证产品质量、降低成本，而且能充分利用木材原料资源。制造三层结构和渐变结构刨花板时，应尽量将优质原料用于表层，将劣质原料用于芯层，这样不仅能提高板面质量和强度，而且能降低产品成本。刨花板实际生产中，常加入一些工厂刨花和锯屑，与优质原料搭配使用；工厂刨花通常只做芯层原料的一部分，使用量最好不要超过芯层原料的1/3；适当添加锯屑能够起到填充作用，使板面平整光滑，内结合强度提高，但用量不得超过15%，否则会使刨花板的强度下降。

2.5 原料的贮存

为保证生产正常连续进行，刨花板工厂应有一定数量的原料贮备。原料贮存量视生产规模、原料种类、原料来源和运输条件以及原料的季节性等因素而定。木材原料的贮存量一般应满足14~30天的生产需要。

对于以农作物秸秆为原料生产刨花板的工厂，由于原料为一年生、季节性强，原料的收集与贮存应当考虑全年的生产用量，一般至少应贮存1~2个季度的原料；此外，从运输成本上考虑，原料收集的半径不能够很大，一般认为最大收集半径为100km。

原料贮存的方式，主要取决于原料的种类，同时也要考虑本单位的条件。对于原木、板皮、截头、木芯等原料，露天堆放即可，条件允许时可加盖顶棚。堆积高度根据搬运方式而定，由人工搬运的料堆，一般高度在 2.0~2.5m；由机械搬运的料堆，允许达 10m 以上。外购工艺木片，可以堆放在混凝土场地上，为了防止木片受雨淋而霉变，最好加设顶棚，堆积高度可达 20~30m。工厂废刨花可贮存于料仓内，也可以堆放于室内或有顶棚的场地上。

原料贮存场地应干燥、平坦，并且要有良好的排水条件。为了防火及保证原料的良好通风与干燥，还要考虑装卸工作的方便，原料的堆垛之间必须留出一定的间隔。

非木材植物原料堆垛，必须保持原料的含水率在 10%~15%，含水率过高，会引起腐烂发热，甚至发生原料的自燃。非木材植物原料在贮存和运输时一般应按要求打包或打捆（见表2-4），并按一定形式堆垛（见图2-4和图2-5）。

表2-4 非木材植物原料贮运方式

原料种类	打捆或打包规格（mm）	每捆或每包重量（kg）	打捆或打包方式	备 注
稻麦草	1000×600×400	35~40	机械打包	水分15%左右
	1000×350×350	25	机械打包	水分15%左右
芦苇	φ400×(2500~2600)	35~40	机械打包	水分20%左右
脱青竹片	φ300×1400	25~30	机械打包	水分12%~15%
蔗渣	330×330×750	25~30	人工捆扎	水分50%左右
	500×500×1000	80	机械打包	水分50%左右

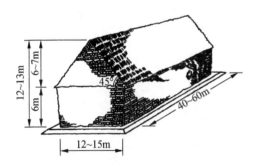

图2-4 芦苇原料堆垛规格示意图

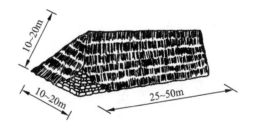

图2-5 甘蔗渣原料堆垛规格示意图

本章小结

生产刨花板的原料主要有木材原料和非木材植物纤维原料，它们来源广泛、种类繁多。目前各国刨花板生产仍以木材原料为主。原料的种类和质量对生产工艺和产品性能影响较大。正确认识原料的性质和特点对于确定合理的生产工艺和设备具有重要的指导意义。原料的纤维含量以及原料的物理、力学和化学性质决定了原料质量的高低，也是选择原料的重要依据。选用原料时，除了考虑原料的质量，还应考虑原料的资源情况、价格和运输成本等因素。刨花板生产企业要有一定的原料贮存量，贮存量应根据生产规模、原料种类、原料来源和运输条件，以及原料的季节性等因素来确定。原料贮存的方式，主要取决于原料的种类，既要保证贮存原料的质量和安全，也要兼顾运输和装卸方便。

思 考 题

1. 刨花板生产所用原料的种类有哪些？
2. 木材原料和非木材植物原料主要有哪些区别？
3. 如何评价木材或非木材原料的质量？
4. 选择原料时应注意哪些问题？
5. 原料贮存的目的和要求是什么？

第 3 章

刨花制备

构成刨花板的木材单元是刨花,刨花的类型、尺寸和形态,以及刨花长度与纤维方向的夹角等直接影响板材的力学性能。应该根据原料的类型选择合适的刨花制备工艺和设备。本章重点介绍了刨花的类型和形态、刨花的制备工艺和刨花制备设备,以及刨花的贮存、运输方式及设备。

3.1 刨花类型与形态

刨花的类型、尺寸和形态,以及刨花长度与纤维方向的夹角等,直接影响板材的力学性能。刨花质量的好坏,主要评定依据是刨花的厚度,一般情况下,刨花厚度在0.2mm左右制成的板材质量较好。实际生产过程中,刨花类型的选择需要由原料的来源及刨花板的用途来决定。

3.1.1 刨花类型与特征

根据制造方法不同,刨花可分为特制刨花和废料刨花两大类,更细致的划分如图3-1所示。

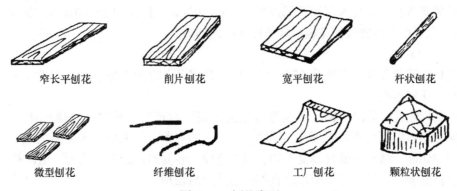

图 3-1 刨花类型

(1) 特制刨花

特制刨花是指由专门刨花板生产设备按照要求加工制成、具有一定形状和尺寸的刨花。该类刨花基本保证了纤维完整性,不起毛刺,尺寸均匀且表面光滑,质量较好。特制刨花大致可分为以下几种:

①窄长平刨花：用刨片机制成，长度 25～100mm、厚度 0.2～0.5mm、宽度 4～10mm。这种刨花厚度均匀、纤维完整，用它生产的刨花板强度高、刚性大、尺寸稳定性好，多用于制造定向刨花板。以原木或小径木为原料。

②薄平刨花：用刨片机制造，是切削时刀刃垂直于木材纤维方向（弦向或介于弦向和径向之间的角度）切下刨花。一般长度为 10～25mm，宽度为 4～10mm，厚度为 0.2～0.5mm。这种刨花厚度薄而均匀，质量好。在三层或多层刨花板中，这类刨花通常用于表层。

③宽平刨花：与薄平刨花相似，也是由刨片机加工而成。但其长度和宽度基本一致。一般长度和宽度为 30～80mm，厚度为 0.5～0.7mm。它比窄长平刨花宽，均匀而呈薄片状。用它制成的刨花板强度大、尺寸稳定性好，多用于华夫板的制造。

④削片刨花（木片）：用削片机制造，其特点是厚度较大且不均匀，厚度一般为 5～10mm，宽度与长度相近，一般为 13～35mm。它不能直接用来制造刨花板，需用环式刨片机或锤式粉碎机再碎后方可使用。

⑤杆状刨花：是将削片刨花（木片）、碎单板等经锤式粉碎机再碎而制成的刨花。宽度和厚度相近，为 3～6mm，长度是厚度的 4～5 倍，形状如折断了的火柴杆。这类刨花通常称为碎料，其特点是能保持木材纤维长度，具有一定的刨花强度，但厚度稍大，是挤压法生产刨花板的较好原料，而在平压法刨花板生产中只能作为芯层刨花。

⑥微型刨花：是将木片或大刨花用研磨机加工而制成的刨花，尺寸很小，一般长 2～8mm，宽和厚度约为 0.2mm。其特点是能基本保持木材纤维长度、薄而细，是一种优质的表层材料，常用于多层结构或渐变结构刨花板的表层或薄型单层结构刨花板。其制成的板材表面平整、光滑，材质均匀，板的边缘密实，尺寸稳定性较好。

⑦纤维刨花：由干刨花研磨而成或将木片经热磨机研磨、干燥而成，主要用作刨花板的表层原料。用其制造的刨花板表面平整、光滑，与中密度纤维板表面类似。

⑧微米薄刨花：微米薄刨花的厚度为 10～200μm，长度为 25～60mm，宽度为 2～11mm。主要用于高密度刨花板或轻质刨花板的制造。

(2) 废料刨花

废料刨花是各种木工机床（锯、刨、铣、砂光等）的加工废料，可分为工厂刨花、颗粒状刨花和木粉。

①工厂刨花：是由平刨、压刨等木工机床铣削时产生的废料。呈楔形状，一边较厚、通常超过刨花板所要求刨花的厚度，而另一边较薄，呈羽状。这类刨花由于大部分纤维已被切断，强度较低且厚度不均、刨花卷曲，容易造成施胶不均匀。但原料来源充足、价格低廉，可经再加工使用或直接作芯层原料使用。

②颗粒状刨花：主要是锯割木材时产生的各种锯屑，其长、宽、厚尺寸基本一致，呈颗粒状。在刨花板生产过程中，可用它作为刨花之间孔隙的填充材料，且适量使用这种锯屑可以增加刨花板的表面平整度、提高板材的强度，但施胶量可能增加。

③木粉：主要是砂光机产生的粉尘，可以适量用于刨花板的表层，制成的板材表面平整、光滑。

3.1.2 刨花形态要求

刨花板的用途非常广泛,根据其用途不同,对板材质量的要求也有所不同。而刨花的几何形状在很大程度上影响着板材的质量,刨花的长、宽、厚对其表面积都有影响,其中以厚度的影响最大。一般刨花越薄,板材的强度越高,但是过薄的刨花容易破裂,很难保证刨花板的表面质量和强度要求。因此,刨花的长度、宽度和厚度是制造刨花板的重要工艺参数,理想的刨花几何形状是生产工艺与设备所追求的方向。

衡量刨花形态的好坏,通常用刨花的形态系数来表示。刨花的形态系数主要有长细比(λ)和宽细比(λ_b),计算公式如下:

$$\lambda = \frac{l}{t}, \quad \lambda_b = \frac{b}{t} \tag{3-1}$$

式中:λ——刨花的长细比;

l——刨花的长度(mm);

t——刨花的厚度(mm);

λ_b——刨花的宽细比;

b——刨花的宽度(mm)。

λ 和 λ_b 值与刨花的抗拉强度和刨花之间的胶合强度等相关,计算公式如下:

$$\lambda = 2k\frac{\sigma_{fu}}{\tau}, \quad \lambda_b = (1/30 \sim 1/40)\sigma_{fu} \tag{3-2}$$

式中:k——板材的结构形式系数(0.5~1.0),与刨花排列方向等有关,当板材内刨花排列方向与刨花纹理方向一致时,取1.0;

σ_{fu}——刨花的顺纹抗拉强度(MPa);

τ——刨花之间的胶合强度(MPa)。

显然,刨花的长度对板材的强度也有影响,最适宜的长度取决于刨花本身的强度和刨花彼此之间的接触面积,刨花过长会造成分布和施胶不均。刨花的宽度对表面积和施胶量的影响比长度大,但比厚度小。因此,为了获得高强度的刨花板,应采用厚度一致且宽度比厚度大数倍的薄型刨花,用平压法进行生产;如欲获得板面平整、花纹悦目的刨花板,可采用厚度一致且长度与宽度相接近的薄型刨花。一般来说,薄刨花比厚刨花生产的刨花板静曲强度大,长刨花比短刨花生产的刨花板强度大。刨花形态对刨花板强度的影响见表3-1、表3-2。

表3-1 刨花的长度和宽度与刨花板静曲强度的关系

刨花长度(mm)	静曲强度(MPa)	刨花宽度(mm)	静曲强度(MPa)
20	23.2	5	26.0
40	26.4	10	24.8
60	28.2	15	21.8
80	29.0	20	21.0

表3-2 刨花的厚度与刨花板静曲强度的关系

刨花板的密度 （g/cm³）	刨花厚度（mm）			
	0.1	0.3	0.5	1.0
	刨花板的静曲强度（MPa）			
0.45	20	17	15	11
0.50	24	20.5	18	12
0.60	35	30	23	19
0.70	44	38	30	23
0.80	53	47	38	30
0.90	61	52	46	37

选定刨花的尺寸时，需要考虑形态系数。形态系数包括长细比、宽细比和长宽比。经验认为，理想的长细比为100~200，宽细比大于10，而长宽比则根据板材的种类与性质而定。这样的刨花形态制成的板材，用胶量少、密度较低、强度较高。形态系数过小，加压时边部容易溃散，裁边尺寸要求大，否则板材的边部强度较低；形态系数过大，会给施胶和成型带来一定困难，刨花之间的间隙较大，不容易制得高强度刨花板。

此外，生产不同的产品，对刨花形态也有不同的要求，实际生产中刨花的长宽比为7:1较好，而生产大片刨花板时，取长宽比2:1、厚度为0.4mm的刨花形态较为适宜。目前各种普通刨花板的刨花尺寸要求见表3-3。

表3-3 普通刨花板的刨花尺寸要求　　　　　　　　　　mm

刨花尺寸	三层结构板、表层高质量的单层板或渐变结构板	三层结构板、芯层低质量的单层板	挤压法刨花板（精碎）	挤压法刨花板（初碎）
长度	10~15	20~40	5~15	8~15
宽度	2~3	3~10	1~3	2~8
厚度	0.15~0.3	0.3~0.8	0.5~1	1~3.2

3.2 刨花制备工艺

3.2.1 原木截断和劈裂

根据工艺和设备性能的要求，在制造刨花之前，需要把原木按一定尺寸截断，直径大的原木还需要劈裂。截断可使用普通木工圆锯或带锯机。

3.2.2 剥皮与去皮

树皮内纤维含量极低，在刨花板生产中随树皮含量的增加，板材的强度和耐水性会降低，同时影响板材的外观质量，所以利用小径木和枝丫材为原料生产刨花板时，需要考虑原料去皮的问题，以降低原料中的树皮含量。

人工剥皮的速度慢，效率低，是一项繁重的体力劳动，一般采用机械剥皮。机械剥皮的基本要求为：剥皮要干净，损伤木质部越小越好；设备结构简单，效率高，受树种、直径、长度、外形等因素的影响要小。但枝丫材及加工剩余物很难通过机械方式来进行剥皮或去皮，除筛选、水洗能分离出部分已剥落的树皮碎屑外，大量仍附着在木片上。国外现有如图3-2所示的汽蒸压缩木片去皮处理工艺，可提高木片去皮的效果。图3-3为木片压缩去皮装置结构示意，带皮木片由夹持装置输入两压辊间，经压缩使木皮从木片上脱落，以达到分离效果。

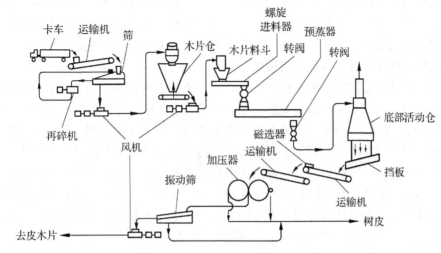

图3-2 汽蒸压缩木片去皮工艺流程

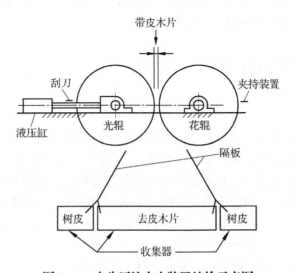

图3-3 木片压缩去皮装置结构示意图

3.2.3 去除金属杂物

为了在原料中发现金属杂物，可采用电子金属测探器。金属探测器的传感器，安装在带式输送机支架断开处的特别金属底座上。输送带的工作面应通过传感器工作口，但不得与壁相接触。金属探测器的灵敏度和抗干扰性能，在很大程度上取决于传感器在带式输送机上的安装是否正确。靠近传感器的活动和振动金属零件会造成金属探测器误操作。因此，金属探测器的安装位置，距输送机的传动装置或张紧轴不得少于2m。

3.2.4 刨花制备工艺

在刨花板的生产过程中，刨花的制备是一道非常关键的工序。刨花制备工艺过程根据原料的不同，主要有直接刨片和先削片后刨片两种。原料不同则备料工艺不同，应各配备相应的备料设备。为适应多种原料和工艺要求，也可配置多条备料生产线，配备不同规格类型的削片机或刨片机专用设备。

①直接刨片：是用刨片机直接将小径级原木或旋切木芯等原料加工成薄片状刨花，这种刨花可直接用作多层结构刨花板芯层原料或单层结构刨花板原料，也可通过再碎机（如打磨机或研磨机）粉碎成细刨花作表层原料使用。这种工艺的特点是刨花质量较好，表面平整，尺寸均匀一致，适用于原木、原木芯、小径级木等大体积规整木材。但由于这种工艺对原料有一定的要求，实际生产中有时采用先削后刨的工艺配合使用。

②先削片后刨片：是用削片机将小径级原木、劣等材、采伐和加工剩余物等原料切削成一定规格的木片，然后再用双鼓轮刨片机加工成窄长刨花，其中粗的可作芯层料，细的可作表层料。必要时也可将粗刨花通过再碎机加工成用于表层的细料。该工艺的特点是生产效率高，对原料的适应性强，可用原木、小径级材、枝丫材以及板皮、板条、碎单板等不规整原料，但是刨花质量稍差，刨花厚度不均匀，刨花形态不易控制。图3-4所示为典型的刨花制备工艺流程。

3.3 刨花贮存与运输

3.3.1 刨花贮存

在刨花板生产过程中，为了合理调节前后工序的工作状态，保证各工序连续不断的生产，各工序之间就必须贮备足够的备用原料。所以，刨花制造后、干燥前设有湿刨花料仓，干燥后有干刨花料仓，板坯铺装前有拌胶刨花料仓，用以贮备各种状态的刨花。各料仓贮存刨花的数量，视生产规模和生产具体情况而定，一般取以满足2~4h生产所需刨花量为度。对料仓的基本要求是出料畅通，不起拱搭桥、无死角，密闭性好。目前生产中常用的料仓有立式和卧式两种。

①立式料仓：立式料仓内靠重力垂直下移，即刨花从仓顶装入、仓底卸出，其特点是结构简单，占地面积小，动力消耗少；缺点是贮存密度大，易起拱搭桥。国产立式料仓结构如图3-5所示，主要型号及参数见表3-4。料仓由仓体、推料结构和出料机构

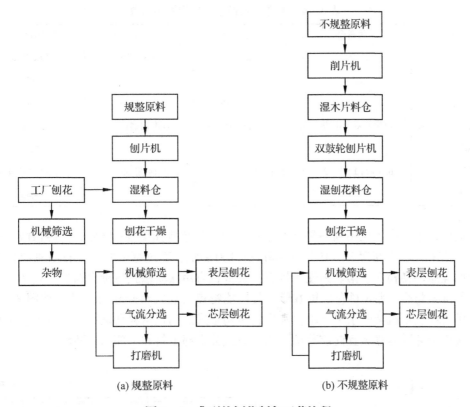

图3-4 典型的刨花制备工艺流程

组成。仓体为圆形筒体，上部有低高料位仪，可显示料仓内料位高度，并反馈至进料系统。顶部有进料口。推料机构由主横梁、滑架和油路系统组成，由油缸带动滑架作往复运动，保证均匀出料和防止刨花架桥。出料机构为螺旋输送，小料仓用单螺旋，大料仓用双螺旋。

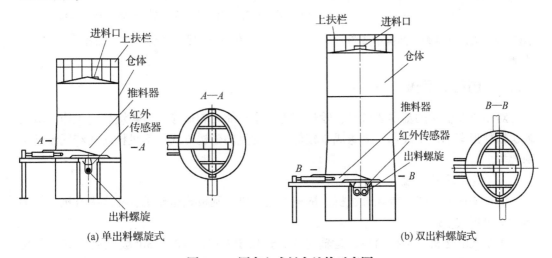

图3-5 国产立式料仓结构示意图

表3-4 国产立式料仓主要型号和参数

项目	木片料仓	湿刨花料仓	表层刨花料仓	芯层刨花料仓
型号	BLC2350	BLC2630	BLC2415	BLC2715
容积(m^3)	50	30	15	15
出料量(m^3/h)	2.36~7.09	3.92~11.78	1.18~3.55	1.18~3.55
出料方式	双螺旋双向出料	左或右向螺旋出料	左或右向螺旋出料	左或右向螺旋出料
装机容量(kW)	11.5	8.5	7.7	7.7
外形尺寸(m)	6.5×5.1×8.72	5.1×4.8×6.72	5.1×4.85×4.72	5.1×4.85×4.72
整机质量(kg)	9323	8418	6645	6645

此外，生产中还应用到一种方形立式料仓，其结构如图3-6所示。料仓做成锥形台，上小下大，锥度为6°~10°，底部设有卸料刺辊，通过每个刺辊以自身轴心作半圆往复回程运动使物料下落。为便于排料，底部也有用振动槽式螺旋出料器排料的。

②卧式料仓：卧式料仓呈长方形，其性能特点与立式料仓相反，结构如图3-7所示。卧式料仓由机架、水平运输机和出料机构组成。刨花从料仓尾端上部进入，落在仓底运输机上并随运输装置向前移动，出料方式分上部出料和下部出料两种。

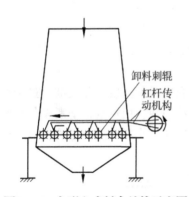

图3-6 方形立式料仓结构示意图

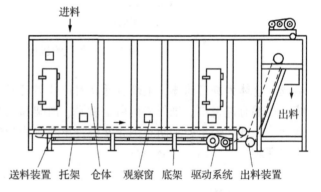

图3-7 卧式料仓结构示意图

3.3.2 刨花的运输

对于刨花输送的基本要求是：输送能力和生产能力相适应；可连续稳定工作，对被输送物料形态不产生破坏；输送成本较低等。常见的输送方式包括机械输送和气流输送两大类。

(1) 机械输送

机械输送装置包括带式输送机、链槽式输送机、刮板式运输机、斗式提升机和螺旋运输机等形式。

①带式输送机：结构简单，运输可靠，适用于水平或20°~30°坡度以下的长距离运输。为防止输送过程中被运输物料飞扬，应将物料密闭。其结构如图3-8所示。

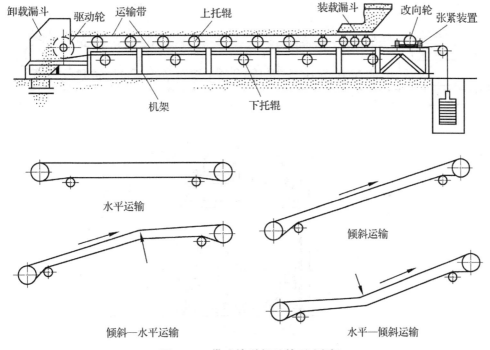

图3-8 带式输送机结构示意图

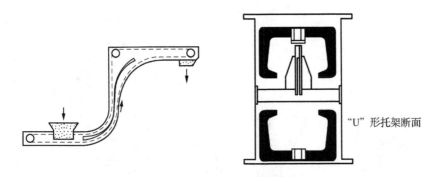

图3-9 链槽式输送机结构示意图

②链槽式输送机：主体为一循环链条，链条上装有"U"形托架，托架从进料口接料并在回程处卸料。该机可以在既有水平又有垂直转换的场所使用，占地空间小，动力消耗少，整个输送过程处于密封状态。其结构如图3-9所示。

③刮板式运输机：结构与链槽式输送机类似，主体为两条平行的滚柱链，链条上装有木质或金属制刮板，借助刮板带动物料运动，该机可以在任何场所装卸料，尤其适用于长距离和倾斜度较大(45°)的场所运输。缺点是速度慢，生产率低，且易挤碎被运输物。其结构如图3-10所示。

④斗式提升机：适用于垂直输送，主体为垂直运动的循环链条，链条上装有提升斗，该机结构简单，占地面积小，运行成本低，特别适合于输送高度较大的场所应用。但工作结构易被损坏。其结构如图3-11所示。

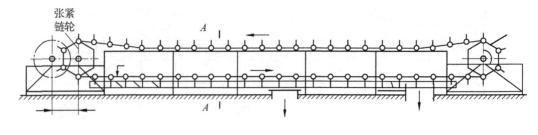

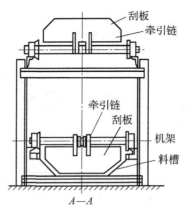

图 3-10 刮板式运输机结构示意图

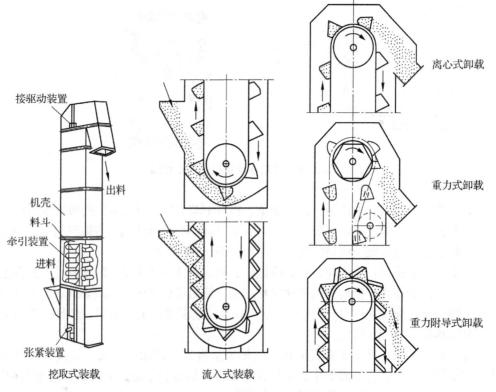

图 3-11 斗式提升机结构示意图

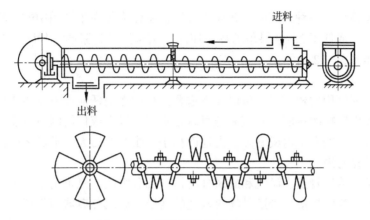

图 3-12 螺旋运输机结构示意图

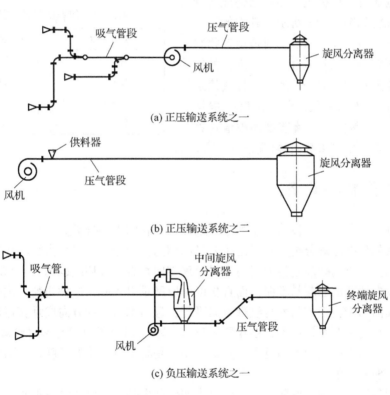

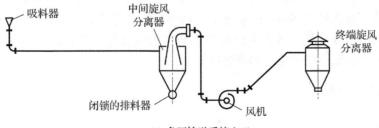

图 3-13 各种气流输送系统示意图

⑤螺旋运输机：一种常用的刨花运输装置，主体为装在半圆槽中的螺旋轴。螺旋运输机适合在水平或低于20°倾斜角的场所使用，结构简单、紧凑，封闭运输，不污染环境。其结构如图3-12所示。

(2) 气流运输

气流输送的使用比较广泛，可以在不适合机械输送的任何地方发挥作用，尤其用在长距离且有多出转换的场所。气流输送可以在水平、垂直或任何倾斜角度的条件下输送物料，该装置可以安在室内或室外，占地面积小，生产能力大，不足之处在于高速气流能耗大，管道易磨损。

气流输送由输送管道、风机和旋风分离器三部分组成，风机用于产生一定压力的气流，使物料呈悬浮状流动，管道是物料输送的通道，旋风分离器用于将悬浮状物料与气流分开。

气流输送可以根据生产需要组合成各种不同的系统，如图3-13所示，其中的两负压输送系统物料不经过风机，对被运输物料的形态破坏较小，尤其适合于定向刨花的输送。气流速度和物料混合浓度是设计气流运输装置的主要技术参数，混合浓度一般取 $0.1 \sim 0.3 \text{kg/m}^3$ 为宜。气流速度因被输送物料的形态、含水率等参数而异（见表3-5）。

表3-5 刨花的气流输送速度

物料种类	气流速度(m/s)
木片	18~25
刨花	20~28
废料板坯	25~30
锯末	20~25

3.4 刨花制备设备

刨花制备设备可以按设备的切削原理或加工原料的大小分类。

按设备的切削原理分类，实际是按刀具的切削原理分类，可分为纵向切削、横向切削和端向切削。纵向切削是指刀刃与木材纹理方向垂直，且切削运动方向与木材纹理方向平行；纵向切削的刨花易卷曲，而且长度和厚度难以控制，这种切削方式很少用于制造刨花。横向切削指刀刃与木材纹理方向平行，且与木材纹理方向成垂直运动，切削特点是刨花的长度和厚度易控制，刨花质量良好。端向切削指刀刃与木材纹理方向垂直，刀刃运动方向与木材纹理方向垂直，其切削特点是易获得刨花的长度，切削功率大，切削质量低于横向切削。

刨花制备设备按加工原料的大小可分为初碎型设备、再碎型设备和研磨型设备。初碎型设备是刨花板备料工序中生产规格木片和刨花的主要设备，如削片机、刨片机；再碎型设备有双鼓轮刨片机、锤式再碎机等；研磨型设备是将原料进行挤压、剪切和摩擦，使原料分裂成细小的刨花，如研磨机等。

3.4.1 初碎型设备

3.4.1.1 削片机

削片机用于将原木、采伐剩余物（树梢、枝丫等）和木材加工剩余物（板皮、板条、板方材截头、碎单板等)切削成一定规格的木片。其切削特征是刀刃接近垂直于木材纤维方向，并在接近垂直于纤维方向进行切削，属于端、纵向切削，切削机构大多是刀盘、刀辊等，切削出的符合规格木片要求长度均匀，切口匀整平滑。削片机按其机械结构可分为盘式削片机和鼓式削片机两种形式，按进料槽特征又可分为斜口进料(进料方向与刀盘平面成一定角度)和平口进料(进料方向与刀盘垂直)，如图 3 – 14 所示。平口进料适于加工尺寸较大的物料，如长材(4~6m 的原料)；斜口进料适于加工短材(2m 以内的原料)，其利用重力进料，进料口与水平面倾斜角度为 45°~50°。按进料方式，又可分为非强制进料和强制进料两种，一般原木削片机多为非强制进料，而板皮、板条、废单板等削片机则多为强制进料。

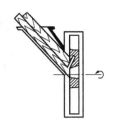
(a) 斜口非强制进料盘式削片机

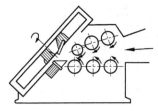
(b) 水平强制进料倾斜盘式削片机

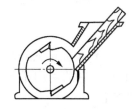
(c) 斜口非强制进料鼓式削片机

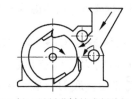
(d) 斜口强制进料鼓式削片机

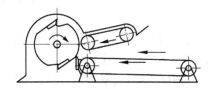
(e) 平口强制进料鼓式削片机

图 3 – 14　削片机的形式

(1) 盘式削片机

盘式削片机分为普通盘式、多刀盘式和螺旋面盘式等几种主要形式，普通盘式削片机刀盘上飞刀的数量较少(3~5 片)；多刀盘式削片机上飞刀数量一般为 8~12 片，并可以实现连续切削，从而能减少原木的跳动，提高了木片的质量。

盘式削片机结构如图 3 – 15 所示，刀盘旋转时，由切削刀刃与底刀之间形成的剪切作用将木片切下。切下的木片通过切削刀与刀盘之间的缝隙落入机壳内，在圆盘旋转时产生的离心力将木片排向机壳边部，然后靠装在圆盘外缘的翼片将切好的木片送至出料口。

普通盘式削片机主要由刀盘、机壳、进料槽及传动装置等主要部分组成。刀盘直径根据被加工原材料的特征和生产率要求来确定，一般为 900~4200mm，厚度为 50~650mm，转速通常为 150~750r/min。飞刀通常由碳素工具钢或合金钢制成，为矩形板状，长度视刀盘直径而定，宽度不小于 200mm，厚度为 20~25mm，刀刃角(楔角)约为 30°~40°。飞刀辐射安装在刀盘向着进料槽的一面，飞刀的刀刃一般相对于刀盘半径沿转动方向向前倾斜 8°~15° 布置。刀片伸出量(飞刀刃口突出刀盘平面的高度)取决于所

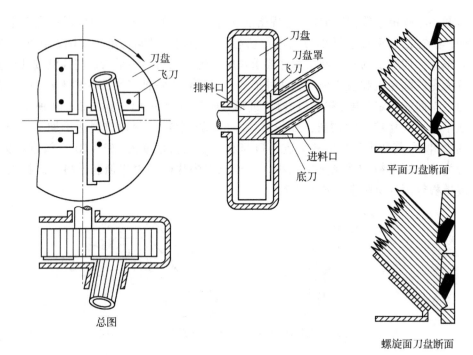

图 3-15 盘式削片机结构示意图

要求的木片长度,可通过垫刀块(硬木垫条或铅条)来实现定位,要求所有飞刀伸出量必须保持一致。在刀盘上沿每个飞刀切削刃方向有贯通的排料口,它的功用是排出削片。刀盘有刀盘罩盖着,在进料槽底部设置底刀。底刀装在刀架上。

在普通盘式削片机削片过程中,飞刀对原木的切削是间歇进行的,即当第一把刀离开原木后,要隔一个瞬间后第二把刀才开始切削。这样不仅影响机床的生产率,而且造成电动机载荷不稳定和原木跳动。为了改善这种情况,可采用多刀盘式削片机进行连续切削。所谓连续切削,即是使原木在切削过程中一直处在一把或一把以上的飞刀的切削状态,原木将连续不断地受到飞刀牵引力的作用。螺旋面刀盘的削片机,刀后刃与刀盘形成螺旋面,被切削原木的端面与刀盘整个都接触,接触应力不大,端部不压碎,削片尺寸均匀。

(2) 鼓式削片机

鼓式削片机结构如图 3-16 所示,主要由机座、削片机构、上进料辊部件、下进料辊部件、送料部分、液压系统和底刀座等组成。它的切削部分由刀辊、装在刀辊上的飞刀及固定在机座上的底刀构成,刀辊作回转运动,木材通过进料机构进入切削区后,在飞刀与底刀的剪切作用下,将木材切成具有一定长度(沿纤维方向)的

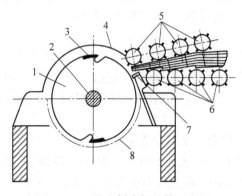

图 3-16 鼓式削片机结构示意图
1. 刀辊 2. 轴 3. 飞刀 4. 机壳 5. 上进料辊
6. 下进料辊 7. 底刀 8. 筛网

木片，木片长度由刀片伸出量决定。在刀轴下面有固定在机座上的筛网，切下的木片穿过筛网，从出料口排出。刀辊直径一般在1000mm左右(如国产的BX218型鼓式削片机刀鼓直径为800mm)，刀辊转速约为390r/min，刀刃研磨角约为35°，飞刀与底刀之间的间隙原则上要求在0.8~1mm之间，机座可以在机架上沿轨道方向移动，以调整飞刀与底刀之间的间隙。进料口向下倾斜，倾斜角(与水平面夹角)为40°，木材可沿此斜面滑入进料辊自动喂料。原木进给时，始终保持纤维与刀轴垂直。进料口装有数根挡铁，以挡住偶尔向外反跳的木材。进料机构也有水平方向安装的，适合加工4m以上的长材。

3.4.1.2 刨片机

刨片机用于将小径原木、加工剩余物或木片加工成一定规格的刨花(主要是厚度规格)。刨片机的切削特征是刀刃平行或接近平行于木材纤维方向，并在接近平行于木材纤维的平面内进行切削，属于横向或接近于横向切削。

刨片机按其结构可分为鼓式刨片机[见图3-17(a)、(d)、(f)、(g)]、盘式刨片机[见图3-17(b)、(c)]和环式刨片机[见图3-17(e)、(h)]，按进给方式有连续进给[见图3-17(a)、(b)、(h)]和间歇进给[见图3-17(c)、(d)、(f)、(g)]两种，按被加工原料特征分为短料刨片机[见图3-17(a)、(b)、(c)、(d)]、长材刨片机[见图3-17(e)、(f)、(g)]和碎料(木片或小块废料)刨片机[见图3-17(h)]。加工长材用的鼓式刨片机的刀轴长度较短，故又称铣刀轴式刨片机，它又分为料槽做进给运动[见图3-17(f)]和铣刀轴做进给运动[见图3-17(e)、(g)]两种形式。加工木片或小废料用的环式刨片机[见图3-17(h)]具有一个与刀环反向旋转的叶轮，故又称双鼓轮刨片机。

虽然盘式刨片机的刨花质量要优于鼓式刨片机，但因生产率较低，我国采用较少。由于原材料的质量下降以及林区木片工业的兴起，环式刨片机的应用被普及。但欧美一些国家仍然用盘式刨片机加工大片刨花，用于生产定向刨花板、华夫板。

(1) 鼓式刨片机

鼓式刨片机由于采用横向切削，使刨花不致卷曲，可以获得高强度优质的平直状刨花，但鼓式刨片机切制的刨花厚度是变化的。增大刀鼓的直径，可以减小刨花厚度变化的范围。图3-18所示的BX456型(B7401型)鼓式刨片机，属于鼓式短料刨片机，其切削机构是用铸钢制成的刀鼓，套装于主轴上，并用键和防松螺栓固定。主轴两端的轴承座和机座相连，电动机通过联轴器直接驱动主轴回转。

鼓式刨片机从结构上看与鼓式削片机相似，其工作原理如图3-19所示。它在刀头旋转时对木材进行横向或接近于横向切削，加工一定厚度和长度的刨花。鼓式刨片机与盘式刨片机相比，最大缺点是刨出的刨花厚度是一个变值。从生产工艺角度，刨花厚度最小值与最大值之比应大于0.71，此值过小，势必造成刨花卷曲。设备的刀鼓直径越大，则此值也越大，这种刨花具有一定长度和厚度，可以直接使用，也可以再碎后使用。为了保证加工刨花纤维完整，并充分利用刨刀全长，只有将木材以纤维平行于刀轴方向进给才能达到要求。这时，如果刨刀以平行于刀轴方向安装，即刀刃与刀轴母线夹

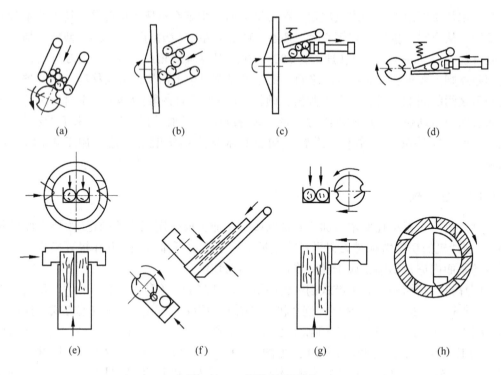

图 3-17 刨片机的形式

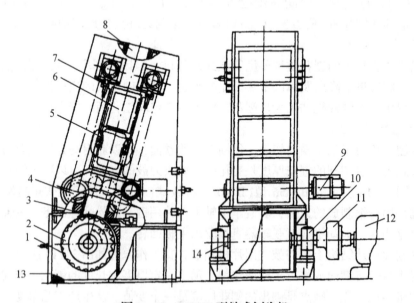

图 3-18 BX456 型鼓式刨片机

1. 刨刀(飞刀) 2. 刀鼓 3. 底刀 4. 进料传动系统 5. 进料链条 6. 进料槽 7. 进料链条张紧螺杆 8. 进料口 9. 液压马达 10. 轴承座 11. 联轴器 12. 电动机 13. 门 14. 主轴

角为0°，切削时，刀刃将木材全长同时接触，使得木材纤维从刀刃方向承受很大压力，容易被折断，从而降低刨花质量，而且使切削阻力增加，尤其是刀刃变钝时更为明显。为了保证切削平稳，得到良好的切削条件，就必须使刨刀刀刃与刀轴母线夹角为一定角度 α。此时，刀刃需有一定的弧形，才能保证刃口在同一切削面上，而这样的刀刃在制造及研磨上都比较困难，

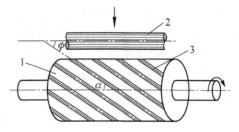

图 3 - 19　鼓式刨片机的工作原理
1. 刀轴　2. 木材　3. 刨刀

特别是当刀轴较长时更是如此。为了克服上述缺点，长轴刨片机常把刀轴分段制作，即将刀轴分成几个相邻的圆柱体，并在每一段上装上较短的刀具，这样就可以减少每把刀的长度，也就减小了刀刃的弧度。

刨片机按其加工木材的长度，又分短材刨片机及长材刨片机。这两种刨片机的加工原理基本相同，只是在加工前对原木长度的要求不一样。另外在进料时，木材横向被切削一段后，还要沿木段方向进给。目前长材刨片机多为鼓式刨片机，又称刀轴式长材刨片机。

(2) 盘式刨片机

盘式刨片机在结构上与盘式削片机甚为相似，区别在于刀片的伸出量调节范围应该按所需刨花厚度尺寸进行设计，同时还应控制刨花纤维方向的长度尺寸。它是由带飞刀的刀盘、进料器及机架、机壳构成，其切削部分是在圆盘上沿辐射方向，并与径向成某种角度安装 2～6（或更多）把刨刀。刨刀刀刃的研磨角一般为 30°，刀片厚一般为 12mm。为了保证刨花的纤维完整性，一般采用强制进料装置，使木材固紧在进料器内。刨片机的刀具形式可分为带割刀的刨刀和梳状刨刀两种（见图 3 - 20），后者可节约电量 30% 左右。带割刀的刀刃是通长的，为了获得较小尺寸的刨花，这种刨刀每一把都按规定长度安装若干把割刀，并按工艺要求安装在每把刨刀前面。切削时，割刀先将木材纤维割断，再由刨刀刨成刨花。割刀之间的距离就是刨花长度（纤维方向），刨花厚度取决于刀刃伸出量。为了节省换刀时间，刨刀和割刀可一起装在能拆卸的刀盒上，换刀时只需将已装好刨刀和割刀的刀盒更换即可。梳状刨刀其刀刃在长度上是分段的，每一小段刀刃的长度决定刨花的长度（纤维方向）。安装时，前后相邻刀片的刀刃部分相互错开，而且前后刀刃相互重叠 0.3～0.5mm。刨花厚度也是由刀刃伸出量决定。盘式刨片机加工出的刨花厚度均匀、光滑，同时切削功率小。

带割刀的刨刀　　　　　梳状刨刀

图 3 - 20　盘式刨片机的刀具形式

盘式刨片机按进料方式，分为链条式连续进料和液压间歇式进料；按刀盘安装位置，分为水平卧式和垂直立式两种；按进给木段长短，分为短材的和长材的两种。图

3-21所示为链条式连续进料盘式刨片机的工作原理图。进料链条与刀主轴水平线安装成30°夹角,当截成一定长度的木段横向送给切削刀盘时,安装在回转刀盘上的刨刀和割刀将木材刨成规格刨花。进料装置采用皮带、机械传动及无级变速装置驱动,以便根据木材树种和刨花厚度来调节进料速度。在刀盘的圆盘上装有叶片,借刀盘的转动和旋风分离器将刨花送出。

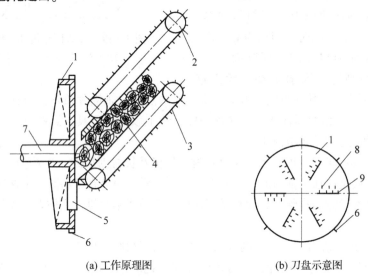

(a) 工作原理图　　　　(b) 刀盘示意图

图3-21　链条式连续进料盘式刨片机
1. 刀盘　2、3. 进料链　4. 木材　5. 刨刀刀架　6. 叶片　7. 刀盘主轴　8. 割刀　9. 刨刀

3.4.2　再碎型设备

再碎型设备主要有双鼓轮刨片机和锤式再碎机等。

3.4.2.1　双鼓轮刨片机

双鼓轮刨片机可以将削片机切削出来的木片、碎单板刨成一定厚度的刨花。它所刨切的刨花质量不如鼓式刨片机,刨花的尺寸差别大,最宽的接近于木片厚度,窄的为针(棒)状刨花,刨花厚度也不够均匀。此外,木材的树种、含水率以及喂料量、喂料的均匀性等对刨花的影响都要比鼓式刨片机大。

图3-22所示为BX468型双鼓轮刨片机。它包括进料装置、刨削机构和液压系统三部分。进料装置由振动给料器、磁选器、重物分离器组成;刨削机构由叶轮、刀环组成,刀环和叶轮按相反方向旋转。叶轮由主电动机通过三角带传动,以较高转速(1500r/min)沿反时针方向(即面向机座门的方向)回转;而刀环由减速电动机通过链条带动,以低转速(50r/min)相对叶轮反向回转。当喂入的木片(或大刨花)通过重物分离器送入刨片机时,由于叶轮高速回转,使木片产生足够大的离心力,紧贴于刀环的耐磨垫板的表面上,被反向运动的飞刀将木片沿木材纤维方向刨削出一定厚度的细刨花,切下的刨花由基底出料口排出。其刨片原理如图3-23所示。刀刃内径一般为600~

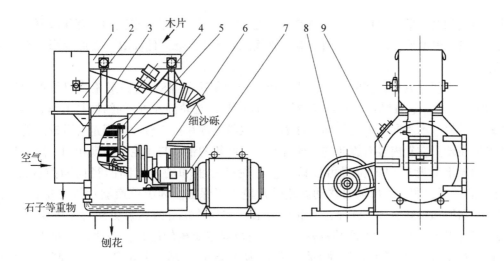

图 3-22 BX468 型双鼓轮刨片机
1. 振动给料器 2. 磁选装置 3. 重物分离器 4. 叶轮 5. 刀环 6. 带轮罩 7. 减速电动机 8. 主电动机 9. 机座

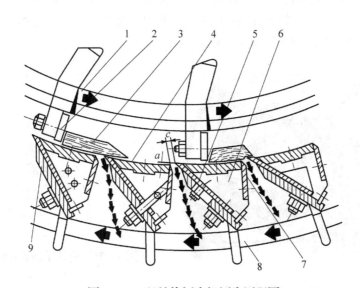

图 3-23 双鼓轮刨片机刨片原理图
1. 叶轮 2. 叶片 3. 木片 4. 耐磨垫板 5. 飞刀 6. 刀片支承座 7. 背压板 8. 刀环 9. 压刀板

1200mm，飞刀数量一般为 26~48 把。安装在同一刀环上的刨刀，其形状和刀刃凸出刀环内缘的高度都要求一致，以保证切削质量。刨刀刃磨角一般为 37°~38°。为了节约换刀时间，每台机床应备有 2~3 个刀轮交替使用。刨刀变钝需要更换时，从机床上取下刀轮，换上另一个预先安装好锋利刨刀的刀轮。

刨花的厚度主要取决于刨刀刀刃在刀环内表面上的伸出量 a，长度取决于木片的长度，宽度是随机的。为使刨花厚度均匀，必须保证刀环上各飞刀的刀刃伸出量一致。刀刃伸出量一般可在 0.3~0.7mm 范围内调节。耐磨垫板用于保护刀环的刀片支承座，所有的耐磨垫板必须处于同一圆柱面上。背压板与飞刀刀刃之间的间隙量 c 是供出料用的，也应保持一致，以便保证出料的均一性，它可用专用量规来检测。背压板可在两个面上修磨，修磨底面时，其底面变宽，则间隙 c 变小；修磨侧面时，底面变窄，则间隙 c 变大。

为了方便地调整刨花的厚度，德国迈耶公司制造了 MKZ 型锥形轮式双鼓轮刨片机（见图 3-24）。这种锥形轮式双鼓轮刨片机（简称双锥轮刨片机）的结构与工作原理与双鼓轮刨片机基本相同，但是其加工性能优于双鼓轮刨片机。机体内固定着可拆卸的不动的锥形飞轮，在轮内装有旋转的涡轮叶片轮。叶轮的锥度与飞轮的锥度相同，刨刀和底刀在刀轮上和叶轮内的位置可以调节。叶轮叶片板和刨刀之间的径向间隙（0.25~0.5mm），通过调节螺母轴向移动涡轮叶片轮予以保证。为了更换刨片机刀轮和叶轮，装有转向架和拆卸装置。刨刀往刀轮上安装时在刨片机外进行。更换刀轮需要 10min。MZK 型刨片机采用下面的调整参数，可以制得规定质量的刨花：刨片在刀轮表面上伸出量为 0.35mm，叶轮和刀轮间的径向间隙为 0.35mm，刨刀和底刀之间的间隙（不能调节）为 2.0~2.5mm，刨刀的研磨角为 31°~37°，底刀的研磨角为 47°~50°，刨刀可连续作业 2.5~3.0h。由于叶轮可以轴向移动，移动叶轮就可以调整叶轮和刀轮之间的径向间隙尺寸，从而可以比较方便的调整刨花的厚度。此外，由于叶轮的形状和可以调节的径向间隙，使产生的细小碎料及木粉减少。

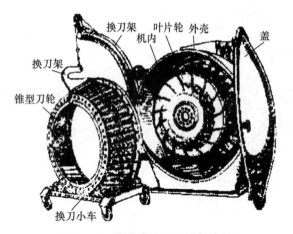

图 3-24　锥形轮式双鼓轮刨片机

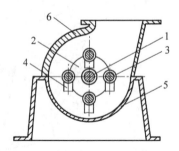

图 3-25　单转子锤式再碎机结构示意图
1. 主轴　2. 转子　3. 辐轴　4. 锤板
5. 筛板　6. 机壳

3.4.2.2　锤式再碎机

锤式再碎机是靠冲击作用将大刨花或木片等进行再碎的。图 3-25 所示为一种单转子锤式再碎机，它的主要工作机构是一个绕轴旋转的转子，转子上铰接着锤板，外面用机壳封闭，转子与机壳之间有筛板。转子转动时，铰接在转子上的锤板在离心力作用下呈辐射状甩动，打击落入机内的木片或大刨花，达到再碎的目的。再碎后的刨花尺寸取决于网眼的尺寸和形状，以及原料的含水率等。再碎后的刨花形状是棒状，即如同折断了的火柴杆，是挤压法刨花板的主要原料，也可作平压法刨花板的芯层材料。网孔的形状有两种：圆形，其网眼直径为 8~12mm；细长形，其网眼尺寸为 3mm×35mm，4mm×

50mm，8mm×40mm，9mm×60mm。

3.4.3 研磨型设备

研磨型设备是一种靠摩擦作用进行再碎的盘式再碎机。大刨花或木片等在螺旋推动器的推动下进入磨区，在磨盘之间通过时被研磨成纤维状细刨花。合格刨花经磨盘体的底部排出。磨片的类型、原料形状、研磨速度以及磨盘之间的间隙对制得的刨花形态、再碎程度以及产量都有很大影响。如果加入蒸汽，使原料在压力下进行磨制，则制成的刨花长度更大。

本章小结

构成刨花板的木材单元是刨花，刨花的类型、尺寸和形态以及刨花长度与纤维方向的夹角等直接影响板材的力学性能。不同的刨花适用于制造不同的刨花板产品，应该根据原料的类型选择合适的刨花制备工艺。刨花贮存设备有卧式料仓和立式料仓。刨花的运输或输送方式有机械输送和气流输送两种。刨花的制备设备主要有削片机、刨片机、双鼓轮刨片机、锤式粉碎机和研磨机等。

思 考 题

1. 简述刨花的种类及其形态特征。
2. 简述刨花制备的工艺流程。
3. 简述刨花制备的主要设备。

第4章

刨花干燥和分选

刨花干燥不仅影响产品质量,而且影响生产线的产量。如果干燥后刨花含水率较高,不仅容易产生鼓泡、分层现象,而且要延长热压时间,降低产量,所以生产中对刨花含水率有一定的要求。通过刨花分选,可以生产表面精细或不同结构的刨花板。不同尺寸刨花分开拌胶还可以节省胶料,提高施胶均匀性。本章对刨花干燥和分选的意义、机理、方法以及影响因素进行了阐述,并重点介绍了刨花干燥和分选的设备。

4.1 刨花干燥

4.1.1 刨花干燥的目的

在木片、刨花制造过程中,为了提高合格物料的制得率、保证刨花质量、延长切削刀具寿命,希望木材有较高的含水率,一般都在35%~50%。含水率较高的刨花经施胶后含水率会更高,在热压时将产生大量的高压水蒸气,在压机卸压时很容易发生鼓泡和分层现象,降低板子的胶合强度,影响产品质量。

刨花板车间的生产能力取决于热压机的生产效率,用含水率过高的原料直接制板,需要在热压机中蒸发大量的水分,这样势必延长热压周期而降低产量。而且,在热压机中蒸发大量水分,要比在干燥机中蒸发水分消耗的能量多。

此外,由于种种原因,干燥前刨花的含水率往往差别较大。用含水率差别大的刨花直接生产刨花板,会使产品的厚度和密度不均匀,容易发生翘曲变形,影响产品质量。

总之,对刨花进行干燥,是刨花板生产中不可缺少的重要工序。

经过干燥的刨花,含水率会大大降低。但工艺要求刨花含水率也不能过低,否则,施胶时大量的胶液容易被吸入刨花内部,致使表面缺胶,影响胶合强度。刨花含水率过低,会增加运输和拌胶过程中的刨花破碎率,并且塑性也较差,压缩比较困难,在热压时要用很高的压力,容易在板内形成空隙。另外,过干的刨花也会影响热压过程中板坯的热量传递。

在刨花板生产中,刨花含水率与板的强度密切相关。研究表明,干燥后的刨花含水率控制在2%~6%为宜。为了提高板面质量和板子静曲强度,表层刨花的含水率应高于芯层,表层刨花含水率一般为4%~6%,芯层刨花含水率为2%~3%。

在刨花干燥过程中,不仅要使其总体含水率达到要求,而且还要控制刨花含水率尽量均匀一致。要避免刨花在干燥过程中的破碎现象，以保持其形态的完整性。同时，还要注意防火、防爆，确保安全生产。

4.1.2 刨花干燥机理

干燥就是水分的气化和蒸发过程，是材料内部水分由液相变成气相，并散失到周围环境中去的过程。

(1) 木材中的水分

木材中的水分主要有两种存在形式：一种是呈游离状态存在于细胞腔内的自由水，当木材的含水率高于纤维饱和点(约为30%)时自由水才能存在，蒸发这部分水分时，单位能量消耗较少；另一种是呈吸附状态存在于细胞壁的微细纤维之间的吸附水，蒸发吸附水要比蒸发自由水所需的能量高，且随着木材含水率的下降，单位能量消耗会增加。蒸发自由水时，通常情况下木材的体积不发生变化，性质也基本保持不变。当自由水蒸发完毕，开始蒸发吸附水时，木材体积会发生干缩，同时其他一些性质也会发生变化。

(2) 木材中的水分移动通道

木材中的水分移动有两种通道：一种是以细胞腔作为纵向通道，平行于纤维方向移动；另一种是以细胞壁上纹孔(包括空隙)作为横向通道，垂直于纤维方向移动。在成材干燥过程中，水分的移动途径是纵向通道和横向通道兼而有之；而刨花在干燥过程中，由于其厚度小，比表面积大，因此，主要依靠横向通道传递水分。

(3) 木材中的水分蒸发

在木材干燥过程中，水分的蒸发要经过两个物理过程：一是水分由木材表面向四周介质的蒸发过程；二是水分由木材内部向表面的扩散过程。无论是蒸发自由水还是蒸发吸附水，这两个过程都是客观存在的。然而，蒸发这两部分水分的速率是不同的。蒸发自由水时，水分的扩散速率与水分的蒸发速率是一致的，外界传给木材的热量被大量蒸发的水分所带走，因此，此阶段含水率下降得很快，木材本身的温度却基本保持不变，材性也不发生变化。蒸发木材中的吸附水时，水分的扩散速率小于水分蒸发速率，外界传给木材的热量仅有一部分被蒸发的水分带走，因此，此阶段含水率下降的速率较慢，而外界传给木材的另一部分热量却用于使木材温度升高，由于此时材性将发生变化，掌握不好容易产生变形和开裂等缺陷。为此，木材干燥过程中必须考虑不同阶段的材性变化规律，制定合理的干燥基准，以确保干燥质量。

刨花中水分的存在形式、移动原理和蒸发过程，与木材是相同的。但由于其自身的特点如体积很小、水分扩散路径很短、水分蒸发表面又很大，因此，其水分扩散与蒸发的物理过程基本上同步，况且刨花在干燥过程中呈疏松状态，能够广泛接触热介质，易散失水分。因此，刨花干燥过程中，可以直接采用温度较高、相对湿度较低的规程进行快速干燥。也不必考虑材性的变化，只要控制好刨花不至于过热损伤和注意安全防火即可。

4.1.3 干燥工艺及影响干燥的因素

为了使刨花的终含水率达到一定的要求,应根据不同的干燥条件,采取不同的干燥工艺。干燥条件决定于供热和对刨花的传热情况。

4.1.3.1 干燥工艺的确定

干燥工艺是指干燥过程中的工艺参数,这里主要是指干燥温度与干操时间的确定。一般由下列条件确定:

(1) 传热方式

传热方式有三种:接触传热、对流传热和辐射传热。在刨花干燥中多采用接触传热(即热传导)或对流传热的方式。对流传热温度一般比较高,干燥时间相对较短。而接触传热通常温度较低,因此,干燥时间相对较长。

(2) 原料树种

刨花干燥工艺的确定与原料的树种有关。刨花中水分排出的速度受木材的密度和构造影响较大,在相同的工艺条件和含水率情况下,针叶材刨花的干燥时间可以短一些,而阔叶材刨花的干燥时间应相对长一些(见图4-1)。

(3) 刨花的几何尺寸

由于刨花中水分主要是通过表面蒸发的,因此,刨花的几何尺寸对干燥速度的影响很大。同样质量的粗刨花比细刨花的表面积小,在相同干燥条件下,粗刨花得到的热量少,水分蒸发慢。在刨花的几何尺寸中,刨花厚度对干燥速度和干燥时间的影响最为显著。刨花厚度减小会使刨花的比表面积成倍增加,得到的热量也大大增加,而且刨花厚度越小,水分蒸发的阻力越小,因此,刨花越薄,干燥速度越快,干燥时间就越短。图4-2所示为对流条件下,刨花干燥时间与刨花厚度的关系曲线。为保证刨花终含水率均匀一致,应尽量使厚度相近的刨花一起干燥,尺寸差别较大的刨花应分开干燥。

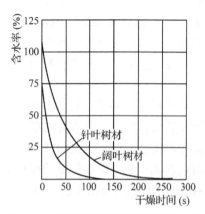

图4-1 树种对刨花干燥时间的影响

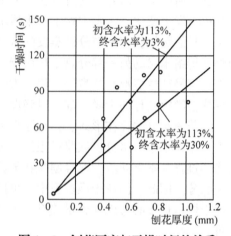

图4-2 刨花厚度与干燥时间的关系

(4) 刨花的初含水率

由于原料来源及树种因素影响，其含水率往往差别较大(见表4-1)。刨花的初含水率(干燥前的含水率)越高，所需的干燥时间越长，反之则越短。当原料的含水率波动较大时，应注意及时调整干燥工艺，以获得一致的终含水率。

(5) 终含水率要求

对终含水率的要求不同，干燥工艺也不相同。在相同的工艺条件下，要求的终含水率越低，所需干燥时间越长。

表4-1　各种原料的初含水率　　%

原料种类	绝对初含水率
水运材	>120
生材	60~70
陆地贮存1~2个月后的木材	40~60
胶合板加工剩余物(湿)	65~75
胶合板加工剩余物(干)	8~12
家具厂边条等废料(干)	12~20
工厂(机床)刨花	12~20

4.1.3.2 影响刨花干燥速度的因素

(1) 干燥介质

①介质温度：干燥机内热空气的温度决定刨花内部水分向外移动的速度，即直接影响到干燥速度的快慢。温度越高，干燥速度越快。因此，新型刨花干燥机大多采用高温快速干燥。但过高的温度容易引起火灾，故应根据刨花初含水率高低来确定最高干燥温度，初含水率高的刨花，可以采取较高的干燥温度，反之则应选择较低的干燥温度(见表4-2)。

表4-2　刨花初含水率与最高干燥温度之间的关系

刨花初含水率(%)	20	20~40	40~50	50~70
最高干燥温度(℃)	180	200~250	250~300	300~400

②介质的相对湿度：介质的相对湿度越低，刨花干燥速度越快(见图4-3)。因此，降低干燥机内热介质的相对湿度，可以加快刨花的干燥速度，但由此要相应增大湿空气的排出量，带走更多的热量，使干燥热效率降低。合理的做法是，控制湿空气的排出量，保持机内合适的空气相对湿度。

(2) 刨花本身条件

如前所述，刨花的原料树种、初含水率、几何尺寸等都对刨花干燥有着至关重要的影响。刨花的这些自身

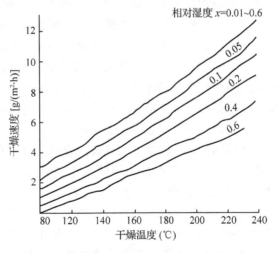

图4-3　热空气相对湿度与刨花干燥速度的关系

条件不仅影响刨花干燥的速度，而且影响刨花干燥质量。在相同的干燥条件下，密度大、初含水率高、厚度大的刨花干燥速度慢，反之则干燥速度快。因此，如果条件允许，应尽量将密度、初含水率和形态尺寸差异较大的刨花分开进行干燥，以保证终含水率的均匀一致。

（3）干燥设备

干燥设备的工作情况直接影响刨花的干燥速度和干燥质量。干燥机内刨花能否充分分散、能否充分与热介质接触，对刨花干燥影响很大。干燥机内刨花运动要顺畅，不能有死角，否则不仅影响干燥质量，而且还容易引起火灾。

干燥机的进料要均匀，要尽量减少干燥机的负荷波动，以提高干燥质量。

（4）周围环境

干燥机周围的环境温度和空气相对湿度也对刨花干燥速度和质量有一定的影响。当气温低而相对湿度较高时，应适当提高干燥温度，反之则可适当调低干燥温度，以保证刨花终含水率稳定。

4.1.4 刨花干燥设备

随着刨花板工业的发展，干燥设备也在不断改进、更新和提高，干燥机在向着现代化发展。现代化的干燥机特点是：水蒸发量大、效率高、连续作业、操作简便；干燥过程高度自动控制；有防火、防爆监测系统。

干燥机的种类很多，有固定式的，还有回转式的；有热介质直接干燥的，还有间接干燥的；有用机械力翻动和推动原料运动的，也有利用气流推动原料运动的。采用的载热体或热介质主要包括：高温热水、蒸汽、热油、热空气和燃烧气等。现介绍几种常用的干燥机。

（1）接触加热回转式滚筒干燥机

这种干燥机为早期国内刨花板生产中常用的干燥设备，有着较长的应用历史。它利用蒸汽管道加热刨花，属于间接加热方式，靠机械力推动刨花运动。它的结构比较简单，主要由回转圆筒、蒸汽管道、排湿装置、进料机构和传动系统等组成（见图4-4）。

回转圆筒是干燥机的主体部分，为一隔热的密封筒体，圆筒长5~18m，直径与长度比为1:6~1:4，按一定的倾斜度安装。其内壁上带有导向叶片，能翻动刨花并推动刨花沿筒体运动。筒体每转动一周，刨花向前移动一定距离。圆筒外部装有圆环和齿圈，由托架和导辊支承并阻止其位移，由电动机驱动其运转。为控制刨花干燥时间，圆筒的调速范围一般在2.39~25r/min。

回转圆筒内装许多束加热管，管内通以饱和蒸汽，蒸汽管的两端通过回转接头分别与进气管和排气管连接。圆筒内空气流速为1.5~2.5m/s。干燥时蒸汽温度保持在140℃，排湿口废气温度为80℃左右。

这种干燥机能够均匀投料，刨花干燥也比较均匀，容易操作，运行较为安全可靠。但由于靠接触加热，干燥效率低，产量小。刨花在干燥机内翻动，且与筒壁及蒸汽管道之间相互碰撞、摩擦，容易产生碎屑。但最主要的缺点是容易漏气，而且维修不容易，目前已逐渐被转子式干燥机和其他类型干燥机代替。

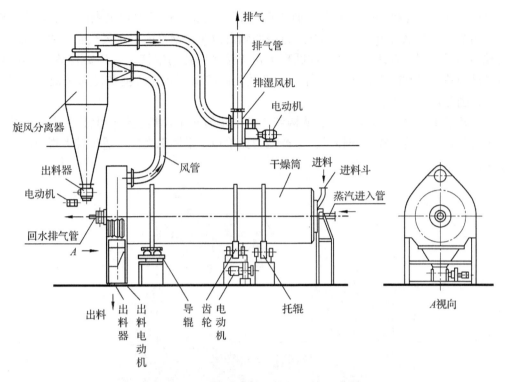

图 4-4 回转式滚筒干燥机结构示意图

(2) 转子式干燥机

转子式干燥机是国内中小型刨花板企业应用最为普遍的一类刨花干燥设备。这种干燥机以蒸汽或热油、热水为加热介质，通过管道对刨花间接加热，同样靠机械力推动刨花向前移动。这种干燥机与回转式滚筒干燥机不同之处是它的外壳固定不动，加热管道组成的转子在壳体内转动。转子式干燥机分为单转子干燥机和双转子干燥机两种。

图 4-5 所示为单转子干燥机，主要由机壳、转子、进料机构、排湿装置和传动系

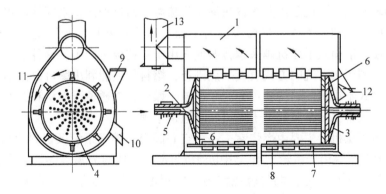

图 4-5 单转子式刨花干燥机结构示意图
1. 机壳 2. 空心轴 3. 封头 4. 加热钢管 5. 导管 6. 圆环 7. 钢杆 8. 叶片
9. 进料口 10. 出料口 11. 观察口 12. 空气补给口 13. 排湿口

统组成。这种干燥机的转子由多组加热管(钢管)组成,转子架在机壳的空心轴上。转子由两个封头和钢管组成。从导管经过空心轴及封头往钢管内通入蒸汽或热油。在钢管组成的转子外侧焊有几个圆环,在圆环上再焊接带叶片的钢杆。叶片安装呈一定角度,在翻动刨花的同时能推动刨花沿着干燥机做轴向移动。叶片将刨花带起来撒在加热管上,使刨花加热干燥。

双转子干燥机(见图4-6)的结构和原理与单转子干燥机类似,但其机壳内安装有两个彼此独立、转向相反的转子,生产能力比单转子干燥机大,可适应较大规模的刨花板生产。

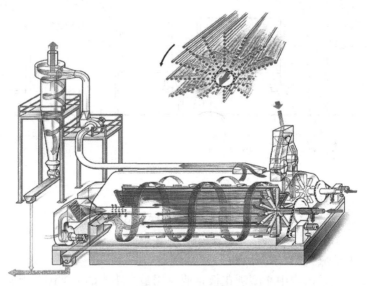

图4-6 双转子式刨花干燥机示意图

转子式干燥机的特点是:干燥温度较低(与炉气加热相比),工作安全;相比其他类型干燥机而言粉尘和有机挥发化合物(VOC_s)排出量少;电耗和热耗较低。

(3)炉气加热滚筒式干燥机

传统的转子式干燥机是以蒸汽或热油作为热源,通过加热管束间接地将热量传递给刨花,燃料的热能利用率约为60%。随着干燥技术的发展和生产线规模的扩大,以烟气为干燥介质的滚筒式干燥机越来越普遍地应用于刨花板生产中。这种干燥机以燃烧气为加热介质,利用热对流的方式直接加热刨花,燃料的热能利用率可以高达90%以上。

按照滚筒式干燥机的结构,可分为单通道干燥机、二通道干燥机和三通道干燥机三种。目前,比较常见的是单通道干燥机和三通道干燥机。

①单通道干燥机:主要由燃烧室、一个空心圆筒、排气系统及出料机构等组成(见图4-7)。滚筒两端用支承轮支承,由电动机带动,转速约为3r/min。干燥机的筒体一端与引风机管道相连,另一端与燃烧室的炉气管道相连。废木材、锯屑、煤气、天然气、煤油等均可作为燃料,燃料在燃烧室内燃烧产生高温炉气,炉气经净化后与一定量的冷空气混合以调整到适宜的温度(300~400℃),然后与湿刨花一起送入干燥机。一般进入干燥机的炉气流速为1~3m/s。

为了保证刨花在干燥筒内停留足够的时间，以使刨花达到预定的终含水率，干燥筒内部设置有挡板、横梁等辅助部件，以达到降低刨花流速的目的。

单通道干燥机对刨花形态破坏较小，因此适合对大片刨花的干燥，如定向刨花板的刨花干燥。同时，也适用于尺寸大小不均匀的刨花干燥。刨花尺寸不同，通过干燥筒的速度亦不同。细小刨花在筒内停留时间较短，而粗大刨花逗留时间较长，因而可以保证粗细刨花的终含水率均匀一致。

单通道干燥机的结构简单、热效率高、产量大，适合大规模生产线。但由于炉气温度高（废气出口温度高达200℃左右），控制不好容易发生火灾。现在的通道式干燥机都安装有火花探测和灭火装置，可以有效地提高干燥机运行的安全性。

②三通道干燥机：系统组成与单通道干燥机相似，所不同的是三通道干燥机的干燥室由三个直径不等的干燥筒同轴套装组合而成。图4-8为三通道干燥机示意图。

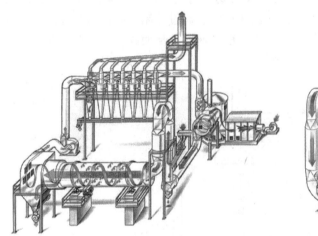 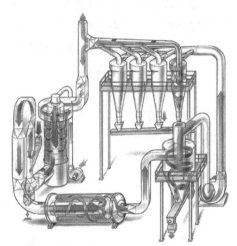

图4-7 单通道干燥机示意图　　　　**图4-8 三通道干燥机示意图**

刨花在干燥筒内要经过大约三个干燥筒长度的干燥过程。刨花在半悬浮状态下，与热烟气相接触，并随着烟气从中心通道向外侧通道移动。干燥过程中，刨花在三个通道里的运动状态是不同的。在第一通道（即中心直径最小的套筒），刨花由进料器进入干燥筒的中心部位，由于此干燥筒部位直径最小，因此干燥介质流动速度最快，刨花在高温气流的作用下快速移动，停留时间很短，此时刨花含水率很高，自由水快速蒸发；接着刨花折转180°进入直径较大的第二通道，由于干燥筒直径增大，介质流速降低，刨花的流速也随之降低，约为在中心通道时的50%，延长了刨花在此通道内的停留时间，继续蒸发刨花中的自由水和部分吸着水；然后刨花再折转180°进入最外层的第三通道，干燥筒直径进一步增大，刨花流速再次降低，继续蒸发刨花中的吸着水，从而达到终含水率的要求。

三通道干燥机依靠烟气的流动来推动刨花运动，干燥筒内部无须设置任何辅助挡板，避免了刨花与金属部件的碰撞，极大地降低刨花的破碎率，同时也减小了干燥筒内部的磨损。在干燥机的三个通道内，烟气温度呈逐渐下降的趋势。第三通道内烟气与外界的温差,较单通道干燥机烟气与外界的温差小。因此,可以通过提高入口温度来加大入口与出口温度差,以提高干燥系统的热效率。一般地,三通道干燥机入口烟气温度为250~850℃,出口温度为105~120℃。

三通道干燥机适合于长度小于50mm且尺寸比较均匀的刨花干燥,如普通刨花板和秸秆板的原料。刨花在干燥机内停留的时间为3~5min。

三通道干燥机与单通道干燥机相比,结构紧凑,占地面积少,干燥热效率高。但加工、组装相对复杂。

(4) 喷气式干燥机

喷气式干燥机属于水平固定式干燥机,在欧洲较为普遍,主要用于刨花板生产。

喷气式干燥机利用了旋转气流干燥的原理,又称涡流式干燥机(见图4-9)。它的主体是一固定式圆筒,全长上装有导向叶片,并有导向槽(热介质通道),叶片与圆筒的缝隙即构成所谓的"喷嘴"。热介质经喷嘴成切线方向进入圆筒后呈螺旋运动,输送和干燥刨花。安装在机轴上的搅拌桨可防止刨花集结。通过控制安装在筒的进口缝隙内的叶片,可改变热介质在筒内的旋转角度和刨花前进速度,从而改变刨花在筒内的停留时间,达到规定的终含水率。

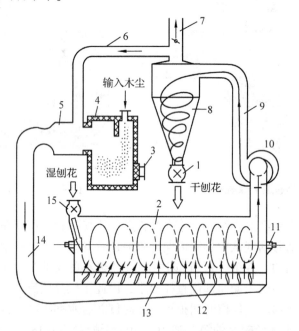

图4-9 直接加热喷气式干燥机工作原理图

1、15. 转子下料器 2. 干燥筒体 3. 液体燃料喷嘴 4. 燃烧室 5. 混合室 6、9、14. 管道
7. 闸门 8. 旋风分离器 10. 排气风机 11. 机轴 12. 叶片 13. 导向槽

导向叶片与圆筒轴线安装成不同角度:始端为+10°,到末端逐渐变为-20°和-40°。刨花迅速通过始端,在中段以中速前进,末端则为回流。干燥时间约为2~4min。

喷气干燥机所用的干燥介质有两种:一为通过燃烧室产生的高温炉气,二为利用蒸汽、热水或热油转换得到的热空气。所以喷气式干燥机又分为直接加热喷气式干燥机和间接加热喷气式干燥机。利用热炉气直接加热的喷气式干燥机，入口温度为350℃，出口温度为120~150℃，热炉气可循环使用，主要缺点是容易发生火灾。利用蒸汽或热油间接加热的喷气式干燥机，入口温度为160~180℃，相对比较安全，但它的热空气不能循环使用。

4.1.5 干燥过程的测控

干燥过程的测控，包括刨花的含水率测定和控制，以及安全防火的监测和控制。

4.1.5.1 刨花含水率测控

(1) 刨花含水率测定方法

刨花含水率测定方法有干燥测定法和连续测定法。

干燥测定法是先取刨花试样称其质量，然后将试样快速干燥至绝干，再称其绝干质量，用下式计算出刨花的绝对含水率：

$$w = \frac{m_1 - m_0}{m_0}$$

式中：w——刨花绝对含水率(%)；
　　　m_1——湿刨花质量(g)；
　　　m_0——绝干刨花质量(g)。

干燥测定法测量方法简单，精度高，结果准确可靠。但测试过程需要一定的时间，测量结果有滞后性和局限性，且不能实现连续测定。

随着刨花板生产自动化程度的提高，刨花含水率的连续测控越来越受到人们的重视，相继研发出了多种连续式含水率测定仪，如电阻式测湿仪、介质常数测定仪、相对湿度仪、红外线测湿仪、微波束测湿仪等。这些测定设备能将刨花的含水率连续不断地快速反应出来，便于及时指导生产，且能实现含水率测量和控制的一体化。目前，在刨花板生产中应用较为广泛的在线连续式含水率测量装置，有红外线含水率测量仪和微波含水率测量仪。

①红外线含水率测量仪：其工作原理是利用水分对波长为1~2μm的近红外线的吸收作用。当红外线照射含有水分的刨花时，一部分红外线被反射，另一红外线被水分吸收，被吸收的能量与刨花含水率有一定的函数关系，刨花含水率越高，被吸收的能量越多，反射回去的红外线光束就越弱。红外线含水率测量仪主要由一套光学系统和光学测量传感器组成(见图4-10)。工作时，卤元素灯泡发出的光束通过反射镜和透镜的组合被分成测量光束和参照光束，两束光都经过

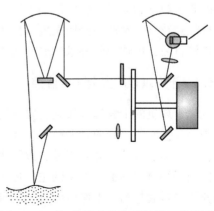

图4-10 红外线含水率测量仪工作原理图

滤镜过滤，去除无用的光谱范围的光，保留物料对其有敏感吸收的红外线区域的光。用其中的一束光作为测量光束照射被测刨花，然后将反射光束与参照光束对比，根据光束能量衰减与刨花板含水率的函数关系，计算出刨花含水率。

红外线含水率测量仪的工作温度一般为 0~50℃，测量范围有：0~5%，0~10%，5%~20%，35%~100%，可选。这种仪器的优点是测量连续迅速、安装方便、精度较高，不需要校准被测材料的温度和密度，比较适合于干燥工段和施胶刨花含水率的测定。

②微波含水率测量仪：由微波发生器、电子评价系统和输出单元组成，其工作原理是利用物料中水分子对微波能量的吸收作用。微波能量是一种电磁辐射，当把含有水分的物料放入微波场中时，物料中的水分子会发生旋转和共振现象，从而吸收微波能量。被吸收的微波能量与物料含水率之间也存在一定的函数关系，因此，可以通过微波信号的衰减计算出刨花含水率的值。

根据传感器和产品型号不同，这种测量仪的含水率测定范围为 0.1%~85%，测量精度为 ±2%。工作温度为 -10℃~40℃。

（2）干燥过程中刨花含水率的控制和调整

当原料树种、刨花初含水率、刨花尺寸和环境条件等变化较大时，会导致干燥后的刨花含水率不符合工艺要求，出现这种情况，一般有以下三种调整方法：

①调整干燥机的进料量：当刨花初含水率或终含水率偏高时，可适当减少干燥机的进料量，降低干燥机的充实系数，直到含水率满足工艺要求；反之则可适当增加刨花进料量。

②调整干燥温度：当刨花初含水率或终含水率偏高时，可适当提高干燥机内的温度；反之，应适当调低干燥温度。根据干燥设备的不同，可通过调整加热介质（如蒸汽、热油、烟气）的温度或流量来实现。

③调整刨花在干燥机内的停留时间（干燥时间）：通过调整干燥机的参数（如转速、安装角度、介质流速等），改变刨花在干燥机内的停留时间，可以控制刨花的终含水率。在其他条件不变的情况下，刨花在干燥机内停留的时间越长，干燥越充分，终含水率就越低。

将上述三种方法结合起来进行综合控制，是一种更合理的方法。一般地，控制干燥机内的介质温度和刨花在机内的停留时间，比控制进料量更重要。在正常工作条件下，人们按湿刨花含水率调整介质温度，按干刨花含水率来调整刨花在机内的停留时间。在这两项调整后，仍达不到要求的终含水率时，再调整湿刨花的进料量。

4.1.5.2 干燥过程的安全防火监控

现代干燥机的干燥温度较高，安全防火是一个十分重要的问题。因此，在刨花干燥过程中要加强监测，并随时调整工艺参数，以防火灾发生。同时，还必须设置安全防火设施，一旦出现火情，立即消除，以防火灾蔓延造成更大的损失。

刨花干燥过程中引起着火的主要原因有：干燥温度太高，超过安全限度；干燥机内干燥介质中含氧量高；干燥时间过长，导致刨花含水率太低；干燥机内有死角，使原料长期堆积或长期挂料；金属异物进入干燥系统撞击产生火花；设备故障或突然停电，导致较长时间的停车等。

针对上述着火原因，应采取相应的防护措施，以减少或消除出现火灾的概率。现代化的刨花干燥机一般都安装有火花探测和自动灭火装置。图 4-11 所示为一种快速红外火花探测与灭火装置的工作原理图。该装置主要由红外火花探测器、控制装置和灭火装置组成。当监控区域内有火花产生时，将迅速被红外火花探测器检测到并向控制装置发出信号，控制装置进行逻辑分析判断并向灭火装置发出指令，使灭火装置的快速电磁阀迅速开启，喷水灭火。

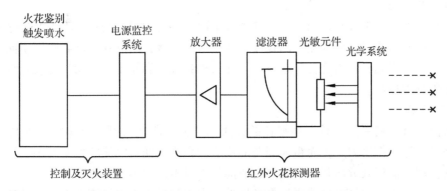

图 4-11　快速红外火花探测与灭火装置的工作原理图

4.2　刨花分选

刨花分选是用一定的方法和设备，将干燥后的刨花按照不同的规格尺寸分离开来的工艺过程。

4.2.1　分选的目的和要求

在制造刨花过程中，无论采用哪种加工设备，都不可避免地受到原料状况、设备精度、参数调整及操作等因素的影响，使制造出的刨花规格尺寸往往不一致，除了得到合格的刨花外，总会产生一部分规格偏大的刨花和非常细小的木粉尘。另外，在刨花干燥和运输过程中也会产生一些碎屑。过大刨花的存在，会增加板子的孔隙度，降低板材的内结合强度和端面质量；粉尘比表面积大，含量过多会显著增加耗胶量，同时降低板材强度。因此，应通过分选将尺寸过大的刨花分离出来，送入再碎设备进一步加工，同时将绝大部分的粉尘去除。

对于分离出来的合格刨花，其尺寸和规格也各不相同，为了拌胶均匀和节省胶粘剂，或者为了生产不同结构的刨花板，还必须将合格刨花按尺寸规格再进行分选，如分成做刨花板表层材料的细刨花和做芯层材料的粗刨花。

通过刨花分选应达到下述要求：

①分选出合格刨花，并将合格刨花分级，如分为细刨花和粗刨花。

②分选出偏厚和偏大的刨花，以便再碎。

③分选出木粉尘，从原料中去除。

4.2.2 分选方法及原理

刨花板分选方法有机械分选和气流分选两种。

(1) 机械分选

机械分选又称筛选，是利用筛网在水平或垂直方向的振动或摆动，依靠刨花的重力或惯性力，使小于筛网孔的刨花通过筛网，大于筛网孔的刨花则留于筛网上，从而达到刨花分级的目的。

机械分选容易掌握和调整，只要改变筛网的规格，便可以按几何尺寸进行刨花分选。但是机械筛选只能根据刨花的长度和宽度尺寸分级，当刨花厚度和密度不同时，就不能区分了。因此，仅用这种分选方法，无法得到规格和厚度完全均匀的表层刨花，板面质量仍难以控制。

(2) 气流分选

气流分选是利用气流对大小刨花的作用力不同而将其分开。细小刨花的比表面积大，受到气流的作用力大，而粗大刨花的比表面积小，受到气流的作用力小，因而，在气流的作用下能将其分离开。气流分选还能将密度不同的刨花分离开。

用于分选刨花的气流分选机，是利用地心引力和垂直方向气流动力而设计的。在分选机内，刨花受垂直方向的气流作用而产生向上的浮力，在风压一定的情况下，浮力的大小取决于刨花的比表面积。小刨花的比表面积大，所受的浮力大，其值大于地心引力，故小刨花向上运动；而大刨花则相反，它所受的浮力小于地心引力，故大刨花向下降落。从而可在地心引力和气流作用下将大小刨花分开。气流分选不仅能对刨花的平面尺寸进行分选，而且能区分出厚度和密度不同的刨花。因此，采用气流分选可以最大限度地得到厚度均匀的刨花，用这种方法分选出来的细刨花，可以生产表面细致平滑的刨花板。

4.2.3 分选设备

机械分选采用的设备是筛选机，气流分选采用的设备是气流分选机。

(1) 筛选机

根据筛选机的运动状态又可以分为以下几类：

①平面筛：又称水平摆动筛，为借助刨花重力和水平方向惯性力进行分选的一种机械筛。它运动速度低，振幅大，分选效果好，但生产能力低，目前刨花板生产中已较少应用。

②振动筛：借助刨花的重力和垂直方向的惯性力进行分选的一种机械筛。它振动频率高，振幅小，分选效果较差，但生产能力高。早期应用较普遍，目前生产中较少应用。

③圆形摆动筛：又称晃动筛，是结合了平面筛和振动筛两者的运动特点和优点而进行分选的一种机械筛。工作时它除了在水平方向摆动外，还做垂直方向的颠簸。这种筛选机分选效果非常好，生产能力高，但结构较复杂。国内中小型刨花板厂普遍采用这种

分选设备(见图4-12)。

④圆筒筛：又称回转筛。通常是用筛网卷成圆柱形筛筒，通过电动机带动筛筒旋转，筒内原料沿倾斜的筒体运动，细料穿过网孔被排出，而粗料则沿筒体长度方向运动，从出料口排出。这种筛选机生产效率较低，但对刨花形态的破坏较小，比较适合于大片刨花的分选(见图4-13)。

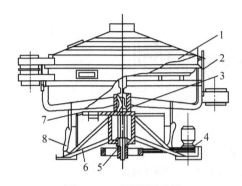 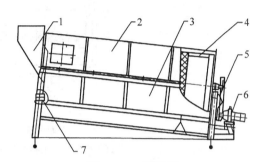

图4-12　圆形摆动筛　　　　　　　　图4-13　圆筒筛
1. 筛箱　2. 专用螺栓　3. 偏心轴　4. 传动装置　　1. 进料口　2. 上壳体　3. 下壳体　4. 滚筒　5. 链条
5. 主轴　6. 座架　7. 偏心板　8. 缓冲器　　　　　6. 驱动电动机和减速机　7. 托辊

⑤分级筛：又称动力辊筛。它与上述机械筛选设备最大的不同在于这种筛选设备不用筛网，而是采用若干个表面具有花纹沟槽的辊轴(俗称钻石辊)按照不同间距排列而形成的间隙来实现刨花分选。

分级筛的钻石辊圆柱面上的花纹规格有多种，一般有细、中、粗三种规格(见图4-14)，每种规格的钻石辊有多根并作平行排列。分级筛钻石辊之间的间隙、钻石辊的转速及钻石辊表面花纹的形状和深浅度共同控制刨花的分选。细花纹规格的钻石辊之间的间隙一般为0.2~0.3mm，中花纹规格的钻石辊之间的间隙一般为0.4~2.0mm，粗花纹规格的钻石辊之间的间隙一般为3.0~5.0mm。旋转的钻石辊利用圆柱面上的花纹推动刨花运动，当刨花经过钻

图4-14　不同规格的钻石辊

石辊排列的前段时，这一段的钻石辊圆柱面上的花纹规格较细，只有细料才能随钻石辊的转动经花纹沟槽和辊之间的间隙被分选出来；当刨花经过钻石辊排列的中段时，这一段的钻石辊圆柱面上的花纹规格为中等，只有中料才能随钻石辊的转动经花纹沟槽和辊之间的间隙被分选出来；当刨花经过钻石辊排列的尾段时，这一段的钻石辊圆柱面上的花纹规格粗大，只有粗料才能随钻石辊的转动经花纹沟槽和辊之间的间隙被分选出来。最后不能被所有钻石辊分选的大料进入一个螺旋运输机运出，送去再碎或作为废料处理。图4-15为分级筛的结构示意图。

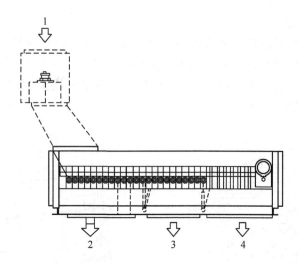

图4-15 分级筛结构示意图
1. 螺旋进料口 2. 细料出料口 3. 中料出料口 4. 粗料出料口

随钻石辊花纹规格和辊间间隙的不同，被分选的刨花尺寸规格也不同，从而将刨花分成细刨花、中刨花、大刨花和不合格刨花。

分级筛的特点为：刨花可以按厚度分级，并且筛选可连续进行调整；筛选过程中无振动、噪声低、粉尘散发量少；能耗低，生产能力和生产效率高。目前，这种筛选设备在刨花生产中的应用越来越广泛。

（2）气流分选机

根据设备的结构不同，又可以将气流分选机分为：单级气流分选机、双级气流分选机和曲折型气流分选机三种。

①单级气流分选机：主要由分选筒体、搅动装置、风量调节器、进料装置、风机及旋风分离器等组成（图4-16）。分选机工作时，刨花从顶部落下，被搅动装置拨散，气

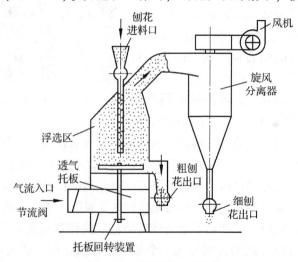

图4-16 单级气流分选机

流从分选机底部进入,受气流作用,刨花在浮选区内呈悬浮状态。小刨花随气流向上运动,经旋风分离器与气流分离开;大刨花落在上层筛板上由拨料器拨送到侧面的粗料阀排出。单级气流分选机是目前国内刨花板生产应用最普遍的一种分选设备,一般用于对过大刨花和合格刨花的分离,分选出的过大刨花要送到打磨机进行再碎。

②双级气流分选机:如图4-17所示,双级气流分选机有两个悬浮室,在上悬浮室内,可将表层刨花分选出来,在下悬浮室内,可将芯层刨花和过大刨花分开。每个悬浮室的工作情况均与单级气流分选机相同,只是风压不同而已。目前,该设备在生产中应用较少。

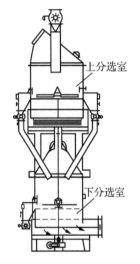

图4-17 双级气流分选机

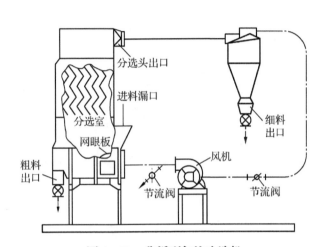

图4-18 曲折型气流分选机

③曲折型气流分选机:又称迷宫型或Z字形气流分选机(图4-18)。该设备可以分选出芯层和表层中较厚的刨花。工作时,通过封闭型进料螺旋,将刨花送至进料口,风机将高速气流穿过倾斜的网眼板,送入分选室内,气流将刨花(包括一部分大刨花)吹起,分选室上部有12根垂直的分选管,刨花就在这些管道内进行分选。细料沿着管道上升,最后进旋风分离器被排出,粗料沿管壁下降,从出料口排出,分选机内的空气可循环使用。

本章小结

刨花干燥不仅影响产品质量,而且影响生产线产量。刨花含水率过高,热压时容易产生鼓泡、分层现象,并使热压时间延长;含水率过低,则对压机闭合不利,且耗胶量大,干燥时容易发生火灾。刨花形态小,干燥时不必考虑变形问题,可以选择高温快速干燥方式。刨花干燥设备有滚筒式干燥机、转子式干燥机和通道式干燥机等。通过刨花分选,可以生产表面精细的或不同结构的刨花板,不同尺寸刨花分开拌胶还可以节省胶料,提高施胶均匀性。刨花板分选方法有机械分选和气流分选两种。

思 考 题

1. 刨花板生产中为什么需要对刨花进行干燥?
2. 常见的干燥设备有哪些?各有什么特点?
3. 刨花分选的目的是什么?
4. 刨花分选有几种方法?简述常见的刨花分选设备和各自的特点。

第 5 章

刨花施胶

刨花施胶是刨花板生产过程中的关键工序之一，对刨花板的质量和生产成本有着直接的影响。胶黏剂的种类和施加量决定了刨花板的性能。施胶方法和施胶工艺影响着刨花的施胶均匀性。本章简介了刨花板生产中常用的胶黏剂和其他化学添加剂，重点介绍了刨花施胶的工艺和设备。

刨花施胶是将一定量的胶黏剂和添加剂通过专门的设备均匀地施加于刨花表面的过程。施胶是刨花板生产中的关键工序之一，它直接影响到刨花板的质量和生产成本。因此，合理的选用拌胶设备和掌握好施胶工艺，对提高产品质量和降低生产成本都具有重要的意义。

5.1 胶黏剂和添加剂

5.1.1 胶黏剂

刨花板用胶黏剂主要包括有机胶黏剂和无机胶黏剂两大类。无机胶黏剂，如水泥、石膏等，将在无机胶黏剂刨花板中介绍。本节主要介绍刨花板生产中应用的有机胶黏剂。

制造刨花板的有机胶黏剂又分为天然胶黏剂和合成树脂胶黏剂两类。

(1) 天然胶黏剂

在合成树脂出现之前，木材工业中用的胶黏剂主要是蛋白质类的天然胶黏剂。蛋白质胶有两种：一种是动物蛋白质胶，如血胶、皮骨胶、干酪素胶等；另一种是植物蛋白质胶，如大豆蛋白胶等。

蛋白质胶黏剂的原料充足，价格低廉，使用方便，但普遍存在耐水性差、耐腐性差以及胶合强度低等缺点，主要应用于早期的胶合板工业，刨花板生产初期也采用。

此外，从树皮中提取的木质素、纸浆造纸工业的亚硫酸盐废液等也可作为天然胶黏剂应用于人造板生产。但目前在刨花板生产中天然胶黏剂应用较少。

(2) 合成树脂胶黏剂

合成树脂胶黏剂是经过人工化学合成的树脂类胶黏剂的总称。它的出现为木材工业尤其是人造板工业的发展起到了巨大的推动作用。

合成树脂胶黏剂种类很多，在人造板工业中比较常用的有脲醛树脂胶、酚醛树脂胶、三聚氰胺树脂胶和异氰酸酯胶黏剂等，其中以脲醛树脂胶应用最为普遍。

①脲醛树脂(UF)：以尿素和甲醛为原料，经过缩聚反应制得。由于其原料资源丰

富,生产工艺简单,胶合性能好,具有较高的胶合强度,较好的耐温、耐水、耐腐性能,树脂颜色浅,成本低廉,而且还具有固化温度低(100℃左右)、固化速度快等优点,因而在人造板工业中得到了广泛的应用。

脲醛树脂胶是在酸性条件下反应的胶黏剂,加入酸性的固化剂可以进一步提高脲醛树脂的固化速度,缩短热压时间。在高温条件下,为了防止脲醛树脂过早固化,可以加入弱碱性的固化抑制剂,如氨水、六次甲基四胺、尿素等。

②酚醛树脂(PF):酚类(苯酚、甲酚或间苯二酚等)与醛类(甲醛、糠醛等)在碱性或酸性介质中,加热缩聚形成的液体树脂。酚醛树脂胶具有胶合强度高、耐水性强、耐热性好、化学稳定性高及不易受菌虫侵蚀等优点。但酚醛树脂一般颜色较深,呈深棕色或棕红色,适用于制造室外型和结构型的刨花板。

酚醛树脂固化反应需要较高的温度(130℃左右),加入催化剂如间苯二酚,可以提高酚醛树脂的固化速度。

③三聚氰胺树脂(MF)和三聚氰胺脲醛树脂(MUF):三聚氰胺树脂是以三聚氰胺和甲醛为原料,在一定条件下缩聚而成。这种树脂的耐热和耐水性能,均优于酚醛树脂和脲醛树脂,由于三聚氰胺原料价格昂贵,目前,国内主要用于浸渍各种贴面装饰纸。

三聚氰胺脲醛树脂是由三聚氰胺、尿素和甲醛原料,在一定条件下经缩聚反应而制成的一种树脂胶黏剂。它的性能决定于尿素和三聚氰胺的摩尔比。三聚氰胺作为脲醛树脂的改性剂,加入量为尿素质量的5%~20%,三聚氰胺添加量大,胶黏剂耐水性和耐热性好,游离甲醛含量低,但成本高;尿素用量多,则成本会降低,但同时胶黏剂耐水性和耐热性也有一定程度的降低,游离甲醛量增加。

④异氰酸酯(MDI):是由苯胺和甲醛在催化剂盐酸存在下进行复杂的缩合反应,形成亚甲基二苯基二胺(MDA)和多亚甲基多苯基多胺的混合物,然后在氯苯溶液中与光气发生复杂反应,在脱除溶剂后获得粗MDI,再经过分离过程,得到众多牌号的纯MDI和聚合MDI。人造板工业中多使用聚合MDI和改性MDI作胶黏剂。

异氰酸酯胶具有极强的反应活性,可与木材等植物纤维材料中的羟基和水发生化学反应,形成牢固的化学结合。固化后具有很好的耐水性和化学稳定性。但价格昂贵,适用于室外型和结构型刨花板生产。

异氰酸酯胶体系中不含水分。因此,当使用异氰酸酯胶黏剂时,干燥后刨花板的终含水率可以相应提高,采用相对较低的施胶量(3%~5%)、较短的热压时间,就可以获得胶合强度很高的刨花板产品。需要注意的是,异氰酸酯具有一定的毒性,在使用过程中应加强防护。此外,异氰酸酯活性强,可以与铝、钢等金属牢固地粘合,所以生产中应采取措施避免发生粘板现象,如可使用脱模剂等。

(3)脲醛树脂胶的调制

如前所述,脲醛树脂胶是刨花板工业中应用最为广泛的胶黏剂。为了便于常温下运输和贮存,制胶车间生产的脲醛树脂的pH值一般都为中性或弱碱性,这种树脂在生产中称为原胶。若直接用这种树脂胶制板,由于其固化速度较慢,会严重影响产品的胶合质量和产量。因此,在使用前要进行调胶。所谓调胶,是指在拌胶以前,根据工艺和板材性能要求,在树脂中加入一定比例的固化剂、防水剂和其他添加剂,并混合均匀而配制成胶液的过程。调制后的脲醛树脂胶,能够在一定的热压工艺条件下迅速固化,形成不溶不熔的末期树脂,使板子达到一定的胶合强度。

刨花板生产使用的脲醛树脂胶,应达到以下性能要求:

①固体含量:胶黏剂的固体含量系指其固体物质质量占整个液体胶质量的百分比。它直接影响产品的胶合强度。一般情况下,固体含量高,产品的胶合强度也高。另外,有较高的固体含量,可以减少带入板坯内的水分,对热压操作也是有利的。一般要求胶黏剂的固体含量在60%左右。

②黏度:胶黏剂的黏度反映了其内部流层内摩擦阻力的大小,它主要影响施胶工艺和性能。黏度低一些,可以均匀地分布于刨花的表面,减少缺胶面积,提高胶合质量。刨花板用胶的适宜黏度为$(200 \sim 400) \times 10^{-3} Pa \cdot s$。

③活性期:胶黏剂的活性期又称适用期,是指在室温条件下,从调制好到开始固化所经历的时间。选择活性期为多长的胶黏剂为宜,应视生产情况而定,要使施胶后至热压前的一段时间里,胶黏剂不至于发生提前固化现象,且要留有充分的余地。刨花板用胶黏剂的活性期一般为4~7h。

④固化速度:固化速度是用固化时间来表述的。调制后的脲醛树脂胶在一定的热压工艺条件下从液态到固态所经历的时间,即为它的固化速度。有较快的固化速度,能缩短热压时间,提高生产率,降低成本。在100℃的加热条件下,刨花板用脲醛树脂胶的固化速度一般为30~60s。

⑤初粘性:要求胶黏剂有一定的初粘性,拌胶后刨花之间的黏附力能保证板坯在运输和送入压机的过程中不松散、不塌边。

⑥游离甲醛含量:降低胶黏剂中的游离甲醛含量,对改善热压操作条件、减少环境污染和保障人们身体健康都具有重要意义。除了选择游离甲醛含量低的胶黏剂以外,在调制过程中加入一些具备"捕醛"功能的材料也很有必要,如加入尿素、氨等,使之在热压过程中与游离甲醛分子反应,可以降低制板和成品使用过程中的游离甲醛释放量。

⑦混溶性:胶黏剂还必须具有良好的混溶性,可以与其他合成树脂混合使用,也能够与其他添加剂(如防水剂、阻燃剂、防腐剂等)充分混溶。

刨花板生产用脲醛树脂性能指标一般如下:

外观	乳白色液体
pH值	7.0
固体含量	$(65 \pm 1)\%$
黏度(25℃)	$(200 \sim 400) \times 10^{-3} Pa \cdot s$
固化速度	<60s
活性期(25℃)	5~6h
游离甲醛含量	<0.3%

5.1.2 添加剂

添加剂是指在刨花板生产中,为了改善产品的某种性能或使其具有某些特殊功能而施加的除胶黏剂以外的其他化学药剂。在刨花生产中使用的添加剂主要有防水剂、固化剂、阻燃剂、防腐防虫剂等。

(1) 防水剂

施加防水剂的目的是提高板制品的耐水性,改善尺寸稳定性,减轻或消除湿胀和干缩而引起的翘曲变形,以及防止制品因吸湿造成霉变和导电能力增强等问题,是最为简便、成本低廉也最为有效的措施之一,所以在刨花板生产中普遍使用。

防水剂属于憎水性物质,加入后可部分遮盖原料表面,隔离水分与原料的接触,堵塞水分进入刨花板的通道,从而降低刨花板的吸水、吸湿技能,提高产品的尺寸稳定性。

防水剂的种类很多,有石蜡、松香、沥青、合成树脂、干性油、硅树脂等。由于石蜡防水性能较好,来源丰富,价格便宜,且运输和贮存方便,所以是目前国内外使用最为广泛的防水剂。

石蜡是石油工业生产的副产品,它的主要成分是含19~35碳原子的直链或带支链的烷烃化合物。石蜡憎水、易熔、颜色浅,人造板工业中使用的石蜡一般熔点在52~58℃。石蜡化学性能稳定,不能皂化,但能溶解于汽油、苯、三氯甲烷等许多有机溶剂,在乳化剂的作用下,石蜡易被乳化成石蜡乳液。

①石蜡乳液的制备:制备石蜡乳液所需的主要原料有石蜡、油酸(或合成脂肪酸)、氨水。油酸(或合成脂肪酸)与氨水作用生成石蜡乳化剂,将石蜡乳化成颗粒直径非常小($<3\mu m$)并能在水中高度分散的稳定乳液。石蜡乳液的配方(见表5-1)和制备工艺举例如下:

表5-1 石蜡乳液配方

原材料名称	质量份数
石蜡	100
合成脂肪酸	5~12
氨水(质量分数25%)	4.5~5.5
水	150

先将石蜡、合成脂肪酸和水加入石蜡乳化罐内,在30min内熔化石蜡和升温到80~90℃,保温并以慢速(约50r/min)搅拌35min;然后高速(约3000r/min)旋转7~8min后加入氨水,再高速搅拌5min,即成石蜡乳液。再慢速搅拌和通入冷却水使乳液冷却到50~60℃,泵入储罐备用。制成的石蜡乳液中石蜡颗粒直径应小于$3\mu m$,24h内应不发生分层。在刨花板生产中石蜡防水剂的施加方法有两种:

熔融状石蜡施加方法——这种方法是将石蜡加热至熔融状态后,直接经管道(需加热保温)喷施到刨花表面上去。为了便于使用,经常采用在有加热管的专用混合器中将固体石蜡和液体石蜡按一定比例(随季节不同而变)混合融化,一起施加到刨花中去。这种方法的优点是设备简单、使用方便、不增加刨花的含水率,但施加的均匀性较差,在板面上容易出现蜡渍,一旦停产降温还容易堵塞管道,且耗蜡量较高。熔融石蜡的施加效果不及石蜡乳液,因此,在刨花板生产中此法应用较少。

石蜡乳液的施加方法——石蜡乳液的施加是在拌胶机中进行的。可单独加入,也可与胶黏剂混合加入。随着施胶工艺和设备的不断改进,将胶黏剂与各种添加剂按一定比例混合调制成混合胶,然后将混合胶液通过施胶装置施加到刨花中的方法正在得到广泛应用。此法的优点是施加均匀性好，且用量省。表 5-2 和表 5-3 分别为表层、芯层刨花用胶黏剂的配方举例。

②石蜡防水剂的用量：该用量指固体石蜡质量占绝干刨花质量的百分比。刨花板生产中石蜡用量一般为 0.4% ~ 1.5%。在一定范围内，随石蜡用量的增加，板子的防水性能提高。但石蜡为非极性物质，它的存在会影响胶黏剂对刨花的粘结作用，因此，石蜡用量增加，产品的胶合强度会下降，同时对刨花板的表面装饰也有一定的影响。

石蜡是一种非永久性防水剂，随着刨花板产品使用时间的延长，其防水性将会逐渐下降。

表 5-2 表层刨花用胶黏剂配方

原材料名称	用量(kg)	备注
胶黏剂	100	固体含量65%
石蜡乳液	8.5	质量分数为30%
固化剂	1.11	质量分数为20%
氨水	0.65	质量分数为25%
水	11	—

表 5-3 芯层刨花用胶黏剂配方

原材料名称	用量(kg)	备注
胶黏剂	100	固体含量65%
石蜡乳液	10	质量分数为30%
固化剂	6.5	质量分数为20%

(2) 固化剂

针对刨花板最为常用的脲醛树脂胶黏剂，为了提高其固化速度，缩短热压时间，在生产中往往在树脂中加入一种酸性物质，降低树脂 pH 值，以促使树脂固化。加入的酸性物质称为固化剂。

固化剂按外观形态分，有液体状和固体粉末状固化剂；按固化速度分，有速效性和迟效性固化剂；按化学组分分，有单一型和复合型固化剂。

脲醛树脂所使用的固化剂有某些弱酸(如草酸、磷酸、苯磺酸等)和某些强酸盐(氯化铵、氧化锌、硫酸铵、硝酸铵等)。目前，在刨花生产中应用最普遍的固化剂是氯化铵。

脲醛树脂中加入氯化铵后，在水和热的作用下，氯化铵将发生水解和热解反应而生成游离酸；氯化铵还与树脂中的游离甲醛反应生成游离酸。游离酸的产生，能使树脂的 pH 值下降到 4~5，或更低。在酸性条件下，树脂的缩聚反应加快，从而提高了热压过程中胶黏剂的固化速度。

使用单一组分的固化剂(如氯化铵)时，会使树脂的活性期变得很短，掌握不好会使胶黏剂提前固化，失去胶合能力。若不加固化剂，胶黏剂的固化速度又很慢，不能在预定的时间内固化。为此，生产中可采用复合型固化剂，即在单组分固化剂的基础上加入氨水、尿素、六次甲基四胺等化学物质。这样，既延长了胶黏剂的活性期，又不影响它的固化速度，而且能降低游离甲醛的含量。

固化剂的加入量随树种、加压工艺、环境温度、固化剂种类、原料形态及在板坯内所处的位置等因素而定。对于氯化铵固化剂，其加入量为绝干树脂质量的 0.1% ~ 2.0%。由于脲醛树脂胶的固化速度受温度影响很大，因此，在高温季节应少加入一些固化剂，而在低温季节则应多加入一些。在接触加热的热压机中，板坯的表层温度上升快，表层胶黏剂的固化速度快，因此，表层刨花可少加或不加固化剂，而在芯层刨花中应多加一些固化剂，以缩小表、芯层胶黏剂的固化时间差，提高胶合质量。

固化剂的施加方法有两种：一种是将固体氯化铵配制成质量分数为20%~30%的水溶液，再按比例加入脲醛树脂中，调制成胶液后，泵送至拌胶机，这种方法直接将调制好的胶液加到原料中，胶黏剂与固化剂混合均匀，效果好，目前采用较为普通；另一种是将固体氯化铵配制成质量分数为20%~30%的水溶液，单独经管道喷于刨花表面或加入输送胶液的管道中与胶液一起送入拌胶机，施加于刨花表面，这种方法固化剂与胶黏剂混合均匀性较差，目前已很少使用。

(3) 阻燃剂

作为建筑材料使用的刨花板，其耐燃性是一项很重要的性能指标。未经阻燃处理的各类木质刨花板均属可燃材料，不能在高层建筑、医院、幼儿园、影剧院等建筑装饰中使用。通过施加阻燃剂，可以提高刨花板的耐燃性，使刨花板产品达到一定的耐燃等级要求。因此，提高刨花板的阻燃性是其生产过程中不容忽视的一个问题。

刨花板使用的阻燃剂应具备下述基本要求：阻燃效果好；化学性能稳定；无毒或低毒，无腐蚀作用，抗流失性好；有良好的混溶性，能与胶黏剂等混合使用；不影响胶合、油漆及其他二次加工；对产品的各项性能无明显影响；资源丰富，价格便宜。

阻燃剂又称滞火材料，刨花板工业使用的阻燃剂主要有以下几类：

①磷-氮系阻燃剂：包括各种磷酸盐、聚磷酸盐和铵盐，这类阻燃剂主要含磷、氮两种元素，这两种元素都起阻燃作用，由于二者协效作用，因而是效果较好的一类阻燃剂。磷酸盐中尤以磷酸氢二铵阻燃效果最好。聚磷酸铵（简称APP）是磷-氮系列的聚合物，聚合度越高则阻燃效果越好，它抗流失性强，处理后的板面无起霜现象。该类滞火材料的阻燃机理是其在火焰中会发生热分解，放出大量不燃性氨气和水蒸气，起到延缓燃烧作用，其本身还有缩聚作用，生成聚磷酸。聚磷酸是一种强力的脱水催化剂，可使木质材料脱水而炭化，使燃烧基板表面形成炭化层，使传热速度降低。

②硼系阻燃剂：包括硼酸、硼砂、多硼酸钠、硼酸铵等硼化物。硼系阻燃剂为膨胀型的阻燃剂，遇热产生水蒸气，本身膨胀形成覆盖层，起隔热、隔绝空气的作用，从而达到阻燃的目的。以硼酸为例，其遇热反应如下：

$$H_3BO_3 \xrightarrow[\triangle]{>70℃} HBO_3 \xrightarrow[\triangle]{140~160℃} H_2B_4O_7 \xrightarrow[\triangle]{320℃} B_2O_3$$

硼酸　　　　偏硼酸　　　　四硼酸　　　三氧化二硼

三氧化二硼受热软化呈玻璃状薄膜，覆盖在基材表面，具有隔热阻氧的功能。

硼酸可减弱无焰燃烧和发烟燃烧，但对火焰传播有促进作用。而硼砂能抑制表面火焰传播。因此，通常将这两种物质按一定比例配合起来使用。硼酸和硼砂除了具有较好的阻燃性能外，还有一定的防腐、防虫效果，毒性低。其缺点是易流失。

③氨基树脂阻燃剂：是由双氰胺、三聚氰胺等有机胺与甲醛、尿素和磷酸在一定条件下反应制得。它的种类很多，根据组成的成分、配比和不同的反应条件予以制备，用于人造板浸渍或涂刷处理。其阻燃机理是在150~180℃时开始发泡，起到隔火作用，并在高温下放出氮气，稀释周围空气中的氧气含量。这类阻燃剂常用的有尿素-双氰胺-甲醛-磷酸树脂（UDFP）和三聚氰胺-双氰铵-甲醛-磷酸树脂（MDFP）等，其特点是阻燃效果好，与胶黏剂有良好的相溶性，不影响产品的力学强度。

(4) 防腐防虫剂

防腐防虫剂是能够防止、抑制或中止危害木质基材的细菌、微生物及昆虫侵害的化学药品。防腐防虫剂种类繁多，且许多种类具有毒性。因此，刨花板生产中选用的防腐防虫药剂应满足以下基本要求：对各种真菌和害虫毒性高，防腐、防虫效果明显；对人体毒性很低，不会引起人体中毒；化学稳定性好，不易挥发和流失；对金属无腐蚀作用；与胶黏剂有良好的混溶性，不影响胶合和涂饰等二次加工；使用方便，成本低。

防腐剂和防虫剂的作用在于拟制真菌的侵蚀，毒杀害虫。常用的防腐、防虫剂有五氯酚、五氯酚钠盐、氟硅酸钠、氟硅酸铵、氟化钠、硫酸铜、硼砂、硼酸、八硼酸二钠等。

防腐、防虫剂的施加方法基本同于阻燃处理。生产中多采用向刨花表面喷施药剂的方法。施加量根据药剂品种的不同而异，如在刨花板中施加五氯酚时，其用量一般为绝干刨花质量的 0.25%~2.0%。

5.2 施胶工艺

5.2.1 刨花用量

刨花板的物理力学性能与其密度有着十分密切的关系。在相同工艺条件下，板子密度主要取决于刨花用量，板子密度大，刨花的用量也大。

每块刨花板的绝干刨花用量计算公式如下：

$$M_0 = \frac{10\rho V}{(100 + W_2)(100 + P_j)} \tag{5-1}$$

式中：M_0——用于一块板的绝干刨花质量(kg)；
ρ——刨花板的密度(g/cm^3)；
V——一块未裁边刨花板的体积(cm^3)；
W_2——刨花板含水率(%)；
P_j——施胶量(%)。

在实际生产中，刨花并不是绝干的，而是含有一定的水分。每块板所需含水率为 $W_1\%$ 的刨花质量计算公式如下：

$$M_{W_1} = M_0(1 + W_1\%) = \frac{\rho V(100 + W_1)}{10(100 + W_2)(100 + P_j)} \tag{5-2}$$

式中：W_1——干燥后刨花终含水率(%)；
M_{W1}——用于一块板的含水率为 $W_1\%$ 的刨花质量(kg)。

5.2.2 刨花施胶量

施胶量是指所施加树脂的固体物质与绝干刨花的质量百分比。施胶量的大小直接影响到板子的质量。在相同工艺条件下，施胶量增加，板子密度、静曲强度、内结合强度均提高，吸湿吸水性、厚度膨胀率均下降。

每块刨花板的绝干胶的用量可按下式计算：

$$Q_0 = M_0 \frac{P_j}{100} \quad (5-3)$$

式中：Q_0——一块板的绝干胶用量(kg)。

生产中通常都使用液体胶黏剂，则一块刨花板的液体胶用量为：

$$Q_y = \frac{M_0 P_j}{K} \quad (5-4)$$

式中：Q_y——一块板的液体胶用量(kg)；

K——胶黏剂的固体含量(%)。

5.2.3 影响施胶量的因素和施胶量的确定

施胶量与下列因素有关：

①原料种类：主要和木材树种及密度有关，因为树种密度决定了一定厚度刨花的比表面积大小。所谓比表面积，是指单位质量固体物质的表面积。刨花的比表面积计算公式为

$$\alpha = \frac{2}{d\gamma} \quad (5-5)$$

式中：α——单位质量木材刨花的表面积(cm^2/g)；

d——刨花的厚度(cm)；

γ——木材原料的密度(g/cm^3)。

由式(5-5)可知，在厚度相同的情况下，用密度较低的木材制造的刨花要比用密度较高的木材制造的刨花比表面积大。因此，要保证刨花板的物理力学性能不变，就要适当增加施胶量。生产中，用阔叶材为原料，刨花施胶量通常要比针叶材高10%左右。

②刨花形态和尺寸：在木材树种不变的情况下，刨花的比表面积随刨花厚度的减小而增大。为此，薄刨花需要适当增加施胶量。表5-4为100g不同密度和厚度干刨花的表面积，表5-5为施胶量为8%时，不同厚度和树种干刨花表面上的着胶量。

③树脂种类：树脂种类不同，则施胶量不同；相同种类的树脂其质量(如固体含量)不同，施加量也不同。若胶的质量较差，则应相应地提高施胶量，以保证产品质量。

表5-4 100g不同树种(密度)和厚度干刨花的表面积 m^2

刨花厚度 (mm)	干刨花表面积				
	柳杉 (密度0.297g/cm^3)	杨木 (密度0.36g/cm^3)	红松 (密度0.429g/cm^3)	落叶松 (密度0.515g/cm^3)	水曲柳 (密度0.564g/cm^3)
1.00	0.67	0.55	0.47	0.39	0.36
0.50	1.34	1.10	0.94	0.78	0.72
0.25	2.68	2.20	1.88	1.56	1.48
0.10	6.70	5.50	4.70	3.90	3.60
0.05	13.40	11.0	9.40	7.80	7.20

表 5-5　施胶量为 8% 时不同厚度和树种干刨花表面上的着胶量　　　　g/m²

刨花厚度 (mm)	干刨花表面着胶量				
	柳杉 (密度 0.297g/cm³)	杨木 (密度 0.36g/cm³)	红松 (密度 0.429g/cm³)	落叶松 (密度 0.515g/cm³)	水曲柳 (密度 0.564g/cm³)
1.00	11.89	14.4	17.17	20.62	35.46
0.50	5.94	7.20	8.58	10.31	17.73
0.25	2.97	3.60	4.29	5.15	8.86
0.10	1.19	1.44	1.72	2.06	3.54
0.05	0.59	0.72	0.86	1.03	1.77

④刨花板物理力学性能要求：一般地说，施胶量增加，可以提高刨花板的各项性能。但单独使用这种方法来提高产品质量，会导致生产成本大幅度上升，使经济效益下降。因此，要根据对产品性能和用途的要求，科学合理地选择施胶量。

⑤筛选质量：提高刨花筛选质量，筛去粉尘，粗细刨花分开拌胶，可以减少施胶量。

⑥施胶工艺和设备：选用先进的拌胶方法和设备，提高拌胶效率及施胶的均匀性，可以减少施胶量。

生产中应在确定产品用途的前提下，充分考虑上述因素，确定胶黏剂类型及合理的施胶量大小。表 5-6 为生产上常用的木材刨花的施胶量。

表 5-6　常用的木材刨花的施胶量　　　　%

产品用途	施胶量					
	脲醛树脂		酚醛树脂		异氰酸酯	
	表层细刨花	芯层粗刨花	表层细刨花	芯层粗刨花	表层细刨花	芯层粗刨花
室内用板	10~12	7~9	9~10	6~7	3~4	2~3
室外用板	—	—	9~12	7~9	6~8	5~7

5.2.4　施胶量控制

控制施胶量就是控制同一时间内进入拌胶机内胶液的重量与刨花重量的比例不变。对于周期式拌胶，这种控制比较简单，只需准确计量每次送入拌胶机的胶液和刨花重量即可。但对于连续式拌胶，这种控制比较复杂，它包括胶液的自动计量和刨花的自动计量，以及两者的配合。

(1) 刨花的自动计量

由于刨花的堆积密度受树种、刨花尺寸和形状、含水率等因素影响，采用容积式计量误差较大，所以生产中常用重量计量或容积-重量计量的方法。较常用的计量设备有以下两种：

①间歇式自动秤：主要由上料装置、卸料装置、计量料斗、秤及控制系统组成，如

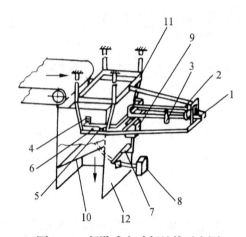

图 5-1 间歇式自动秤结构示意图
1. 称量杠杆 2. 平衡锤 3. 游动砝码 4. 承重刀口
5. 支点刀口 6. 微动开关 7. 活动销 8. 惯性块
9. 电磁铁 10. 活门 11. 支架 12. 挡板

图 5-1 所示。用输送带将刨花直接送往料斗，随着进料量增加，料斗下移，达到规定重量时，称量杠杆触动微动开关，使输送带自动停止运转。通过时间继电器或其他电信号控制，电磁铁按时动作，拉开活动销并使活门打开，料斗自动卸料，落入拌胶机内。卸完料后，在惯性块的作用下，活门复位。经延时控制，输送带又重新自动启动向料斗供料。如此循环动作，使间歇秤按生产节拍工作，以保证在单位时间内定量供料。这种自动秤适合于小型的刨花板厂。

②皮带秤：刨花从皮带上通过，由皮带秤上的传感器将刨花重量转变为电流信号，在仪表上反映出来。其测量原理如图 5-2 所示。其中上图为传动皮带秤，它受三个力的作用，F_1 为风力，F_2 为下落刨花的冲击力，F_3 为沉积粉尘的重量；下图为一种辊式皮带秤，它没有 F_3 的作用。

(2) 胶的自动计量

胶黏剂的计量可采用体积计量或质量计量。当胶黏剂的固体含量一定时，其密度通

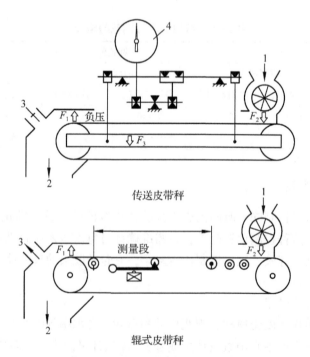

图 5-2 两种皮带秤的受力比较
1. 进料口 2. 出料口 3. 排风口 4. 指示表

常比较稳定。因此，生产中多采用体积计量的方法，常用的有两种系统：

①双筒计量和泵送系统：带搅拌器的储胶罐和两个有机玻璃计量筒，安装在一个钢制的底座上，在底座上装有压缩汽缸，汽缸活塞的一端与两个计量筒的两位四通阀柔性连接；每个计量筒都附有刻度标尺，其筒内还装有由液位继电器控制的探极。通过控制系统控制，两个计量筒交替地经由胶泵供胶。由于每一计量筒的胶量和泵送每筒胶的时间是预先给定的，因此，只要调整好胶泵的转速，那么在每一给定时间内由胶泵输送的胶液数量就是恒定的。为了避免由各种因素所导致的胶液输送和刨花输送的误差，本系统还装有一套自动控制系统，可以在各自的系统内自动补偿时间差值。

②自动调整和控制胶泵转速的计量系统：此系统由微机控制，可以根据皮带秤上传感器的刨花质量变化信号，自动调整胶泵（或带运输机）的转速，以使输送的胶液与刨花质量保持恒定比例。

(3) 施胶量控制

控制施胶量就是要保证胶液和刨花按一定的重量比例进入拌胶机，这是保证刨花板质量稳定的关键工序。通常将上面已介绍的胶液计量装置和刨花计量装置有机地配合使用，来实现这种控制，目前主要有三种形式：

①胶液和刨花均用人工称重控制，适用于实验室或模压刨花制品厂。

②用刨花间歇自动秤、双筒胶计量装置和胶泵以及控制装置组成自动供刨花和供胶系统，保证恒定的施胶量。由于秤是间隙动作的，为了使刨花能均匀地进入拌胶机，通常在自动秤和拌胶机之间，以螺旋运输机连接。这种系统适用于中小型刨花板厂。

③用皮带秤计量刨花，并由其发出的信号经由微机来调整胶泵转速，以保证恒定的施胶量。这种系统适用于大、中型刨花板厂。

5.3 施胶方法

施胶方法对施胶效果有较大影响，不同的施胶方法，胶黏剂在刨花表面的覆盖情况和均匀程度也不同，因此会对板材的胶合强度产生影响。刨花板工业主要采用喷雾法和摩擦法拌胶两种方法。

5.3.1 喷雾法

喷雾法的工作原理是，借助空气压力或液体压力，使胶液通过喷嘴形成雾状，喷洒到悬浮状态的刨花上。这种施胶方法的效果与胶液雾化程度密切相关，雾化程度好，则分离成的胶滴小、数量多，施胶均匀性高。雾化程度与喷头类型、喷嘴流量、空气（液体）压力、胶液黏度等有关。以下介绍三种常见的喷头形式。

(1) 压力式喷雾喷头

该喷头又称无空气雾化喷头（见图5-3）。胶液在泵的作用下，以较高的压力（8MPa）通过喷头，喷头内有螺旋室，液体在其中高速旋转，然后从出口呈雾状喷出。该喷头能耗低、生产能力大，可将高黏度胶液雾化。由于是无空气雾化，环境污染小，但需要高压泵。

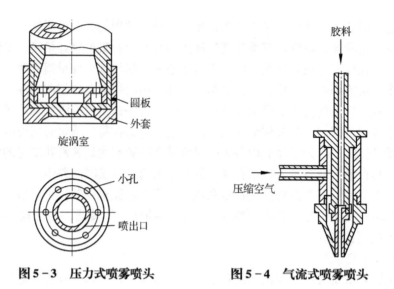

图 5-3　压力式喷雾喷头　　图 5-4　气流式喷雾喷头

(2) 气流式喷雾喷头

气流式喷头工作时，采用表压为 0.1~0.7MPa 的压缩空气，将送至喷嘴的胶液雾化后喷出（见图 5-4）。该方法适合喷胶量较低时使用，操作比较方便，雾化胶滴较小，能处理含有少量固体的溶液，应用较为广泛，但必须注意设备密封，防止雾气泄漏，污染工作环境。

(3) 离心式喷雾喷头

离心式喷头的工作原理是通过离心作用将胶液雾化（见图 5-5）。工作时，胶黏剂送入一个高速旋转的圆盘中央，圆盘上有呈放射形的叶片，圆盘转速为 4000~20 000r/min，胶液在离心力的作用下被加速，达到周边时呈雾状甩出。这种喷头也适合于处理含有较多细小固形物的胶黏剂。

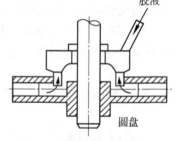

图 5-5　离心式喷雾喷头

5.3.2　摩擦法

摩擦法是将胶液连续不断地注入搅拌机中，借助搅拌轴的作用，使刨花之间、刨花和搅拌桨之间、刨花和筒壁之间产生摩擦作用，靠着这种摩擦作用，使胶液均匀分布于刨花表面。转速越高，摩擦作用越强烈，胶液分布越快，也越均匀。这种方法拌胶效率高，但对刨花形态有一定的破坏，一般适合于普通刨花的施胶，如用于高速环式拌胶机。

采用的施胶方法不同，胶液在刨花表面覆盖情况和均匀程度也不同，因而同样工艺条件下制得的产品胶合强度也会有较大差异。表 5-7 和表 5-8 分别比较了这两种施胶方法在相同施胶量的条件下刨花表面的着胶情况和产品的静曲强度。

表 5-7　施胶方法对刨花表面胶液覆盖率的影响　　　　　　　　　　　　%

刨花表面被胶液覆盖面积百分比	不同胶液覆盖率的刨花占全部刨花的百分比	
	摩擦法	喷雾法
100	41.6	66.7
50	16.7	25.8
20	37.5	4.2
0	4.2	3.3

表 5-8　施胶方法对刨花板静曲强度的影响

施胶方法	松木刨花		桦木刨花	
	静曲强度(MPa)	吸水率(%)	静曲强度(MPa)	吸水率(%)
喷雾法	125	18.5	116	23.1
摩擦法	98	20.0	86	39.0

5.3.3　影响施胶均匀性的因素

数量有限的胶黏剂能否均匀地分布于刨花表面，将直接影响到产品的质量。因此，要分析影响施胶均匀性的各种因素，以便选择合理的施胶工艺和设备，调整合适的工艺参数，满足生产需要，降低生产成本。

(1) 刨花大小与几何形状的影响

当几何形状相差较大的刨花一起施胶时，施胶的均匀性将下降，细小料具有较大的比表面积，接触胶黏剂的机会多，往往着胶量较多，而粗料则相反。因此，大、小不同的刨花最好分别施胶。尤其是在三层结构刨花板的生产过程中，采用芯、表层刨花分别施胶的工艺，不仅能使芯、表层刨花各获得均匀的施胶效果，而且有利于控制两种刨花含有不同的防水剂、固化剂和水分，对热压操作和提高产品质量十分有利。

刨花施胶时，刨花的表面质量也对拌胶的均匀性有一定影响。形状规整、表面光滑平整的刨花获得的胶量多，且均匀；而表面粗糙、形状卷曲的刨花获得的胶量少，且使拌胶的均匀性下降。

(2) 施胶方法及设备的影响

施胶方法和设备对刨花施胶均匀性有着较大影响。喷雾法施胶一般优于摩擦法。喷雾法拌胶机不仅施胶均匀性好，而且在施胶过程中对刨花形态的破坏也较小，但生产能力相对较低，比较适合于大片刨花的施胶。喷雾法施胶的均匀性与喷胶条件有关，喷胶条件一般包括喷嘴类型、雾化程度、刨花量、拌胶时间和速度、刨花质量和温度等，其中雾化程度最为重要。雾化程度是指胶液经喷嘴被分离成胶滴的程度，雾化程度好，分离成的胶液珠滴细小、数量多，施胶的均匀性高。比较理想的胶滴平均直径为 $8 \sim 35\mu m$，但生产上难以实现，一般为 $35 \sim 100\mu m$。另外，增加喷嘴数量以及科学设置喷嘴的安装位置同样有利于提高刨花施胶均匀性。现代摩擦法拌胶机速度高，生产效率高，施胶均匀性也基本可以达到工艺要求，在刨花板生产中常用。

(3) 施胶工艺条件的影响

施胶工艺条件主要指搅拌速度、搅拌时间和搅拌量。在同样的施胶设备和施胶工艺条件下,搅拌轴的转速升高,能提高施胶的均匀性。但搅拌速度提高,会导致拌胶机内温度升高。对于无冷却装置的拌胶机,温升过高会带来许多麻烦,甚至影响胶合强度。

刨花在拌胶机内的停留时间对施胶的均匀性也有很大影响。在整个施胶过程中,刨花始终处于翻腾和相互摩擦状态,延长刨花在拌胶机中的停留时间,能增加刨花与胶黏剂的接触机会及相互摩擦时间,施胶的均匀性会相应提高。

任何一种拌胶机的生产能力都是有限的,增加单位时间进入拌胶机的刨花量,会使设备负荷加大,从而导致施胶的均匀性下降。

(4)计量方式的影响

施胶过程中,要使刨花与胶黏剂按一定比例混合,必须分别进行计量。胶黏剂的密度通常比较稳定,可采用容积计量的方法,比如控制输胶泵的流量等。刨花的计量则分为容积式计量和重量式计量。由于刨花的堆积密度不稳定,采用重量计量的方法较为准确。为了保证施胶质量,施胶时应尽量准确地对刨花和胶黏剂进行计量,并保持二者进入拌胶机的比例恒定。

5.4 施胶设备

施胶设备即拌胶机。拌胶机有周期式和连续式两类。周期式拌胶机由于间歇进料、出料和搅拌,因而生产效率低,且多为人工装、卸料,劳动强度大;但这种拌胶机设备简单,维修方便,目前在一些小厂仍有使用。连续式拌胶机工作时,连续不断的进料和出料,生产效率高,且工人的劳动强度低,因而大多数厂家特别是较大规模的企业都采用这种设备。不论何种拌胶机,均要求在拌胶过程中尽量减少刨花的破碎,最大可能地保持刨花原有的形态。

5.4.1 喷雾式连续拌胶机

喷雾式连续拌胶机由圆槽、拱形顶盖、进料口、带搅拌浆的搅拌轴、针辊、出料口和喷嘴等组成(见图5-6)。

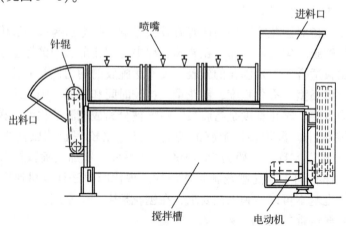

图5-6 喷雾式连续拌胶机

经计量后的刨花连续不断地从进料口进入搅拌槽，装在拌胶机顶盖上的喷嘴向搅拌槽内喷胶。胶液由一个或几个输胶泵打入喷嘴，同时空压机向喷嘴供应压缩空气，二者在喷嘴混合，胶液呈雾状喷出。电动机带动搅拌轴搅动原料，使其呈悬浮状态，与胶黏剂混合均匀。搅拌轴上的搅拌桨呈一定角度安装，且搅拌槽有一定的倾斜度，能使施胶刨花往出口处运动。为了防止施胶刨花结团，出口处设有针辊，将刨花耙松，以防板面上出现黑色胶斑。施好胶的刨花从出料口排出。

喷雾式连续拌胶机结构简单，投资少。胶黏剂、防水剂和固化剂可以分别单独地喷入，因此胶的使用期相对较长。但其拌胶的均匀性较差，故障率较高，胶黏剂和防水剂中的杂质很容易堵塞喷嘴，从而使原材料的质量比例失调，也增加了维修工作量。这种拌胶机没有水冷却设施，搅拌速度不能太快，一般不超过75r/min。因此，尽管它的外形比较庞大，但生产能力却较低。

5.4.2 环式拌胶机

环式拌胶机主要由搅拌筒、搅拌轴、供胶系统、进料口、出料口、水冷系统等组成（见图5-7）。搅拌筒是一个带夹套的圆形筒体，夹套内通冷却水。搅拌轴为夹套式中空结构，也通冷水冷却。搅拌轴的前端装有螺旋状送料铲，其他部位装有拌料爪。搅拌筒侧壁上开有注胶孔，混合胶液在常压下进入拌胶机内。搅拌筒分上、下两部分，打开

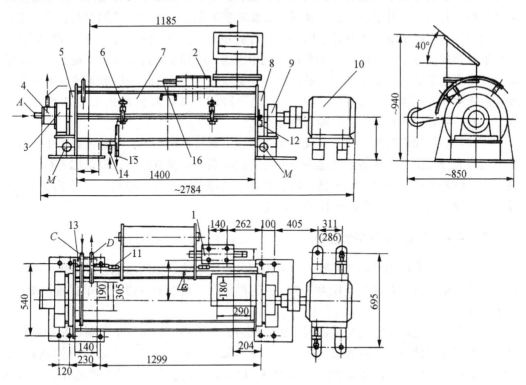

图5-7 环式拌胶机外形结构图

1. 安全开关 2. 进胶盒 3、9. 轴承 4. 水封套 5、8. 平衡盘 6. 锁紧装置 7. 上机体 10. 电动机 11. 铰链 12. 行程开关 13. 水压继电器 14. 进水口 15. 出水口 16. 进胶口

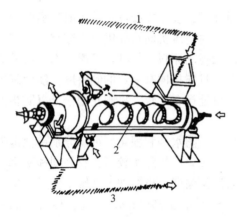

图 5-8 环式拌胶机内刨花运动轨迹示意图
1. 未拌胶刨花 2. 正在拌胶刨花 3. 已拌胶刨花

上盖可进行检修和清理。为了保证安全，这种拌胶机设有电磁锁，在主轴电动机转动的情况下，电磁锁锁住上盖是打不开的，只有在主轴电动机断电后延长 30s 才能开启上盖。联锁装置还使得在搅拌筒上盖打开时，主轴电动机无法启动。

经计量后的刨花连续不断的从进料口进入拌胶机内，在送料铲的作用下，原料沿圆周方向加速运动，形成一个环状体（见图 5-8），并逐渐运行至施胶区。混合胶液呈自然流动状态沿切向进入拌胶机内，在搅拌爪的搅动下，与原料混合。由于沿径向分布的原料具有不同的线速度，而且存在着较大的速度差，故刨花间相互摩擦，达到均匀的施胶效果。环式拌胶机的搅拌速度很高，可达 1000r/min 或更高。在这样的高速搅拌下，原料与筒壁及原料间强烈摩擦，使本来就具有一定温度的原料产生较大的温升，促使胶中水分蒸发，胶液黏度增大，施胶的均匀性变差。且胶黏剂与细小刨花容易粘附在搅拌桨和筒壁上，增加了清理难度，给正常生产带来影响。若刨花温升过高，还容易导致胶黏剂提前固化，不仅浪费原材料，而且会产生大量次品，直接影响企业效益。因此这种拌胶机带有水压继电器和一套冷却水系统。水压继电器控制着主轴电动机，如果拌胶机中没通入冷却水或冷却水量不足，主轴电动机是启动不起来的。冷却水由制冷装置产生，温度为 5℃左右的冷却水通过管道送到拌胶机的搅拌筒夹套和轴内，对拌胶机进行循环冷却。从拌胶机出来的冷却水温度达 14℃左右，可送回制冷系统进行冷却循环使用。

环式拌胶机操作简便，便于实现自动化管理，施胶比较均匀，质量较好，生产效率高，适合大规模生产，设备清洗也很方便。它的缺点是：投资较大，设备加工精度要求高；由于强烈搅拌，增加了原料破碎率；此外用这种方法拌胶，需预先调好了胶，因此胶黏剂的使用期较短，在生产中应予以注意。

5.4.3 离心喷胶式连续拌胶机

这种拌胶机大体同于环式拌胶机。机内有一根空心轴，轴的前端有进料铲，中前部有甩胶管，甩胶管上有许多直径为 2.54mm 的甩胶孔，后端有高度可调节的搅拌桨（见图 5-9）。

工作时，经过计量的刨花从进料口进入机内，在进料铲的作用下，刨花呈螺旋状前进。同时按比例计量的胶液通过分配管进入空心轴的入胶口，依靠空心轴高速旋转（约 1000r/min）时的离心力，将胶液以 0.1MPa 的工作压力从甩胶管上的小孔甩出，分布到刨花的表面，经过搅拌桨的搅拌，再将刨花推至出料口排出。

这种拌胶机的壳体为夹套式，轴的后半部分也设计成空心结构，这样的结构是为了便于通水冷却，以防止高速搅拌过程中刨花温升过高，导致胶黏剂提前固化。这种拌胶

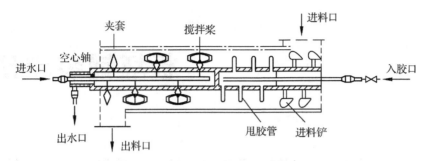

图 5-9 离心喷胶式连续拌胶机结构示意图

机清洗比较困难，拌胶效果也不及环式拌胶机。

本章小结

  刨花施胶是刨花板生产过程中的关键工序。胶黏剂的种类和施加量决定了刨花板的性能。刨花板生产中常用的胶黏剂有脲醛树脂、三聚氰胺脲醛树脂、酚醛树脂和异氰酸酯等种类。施胶量是通过刨花计量和胶的计量来实现的。施胶方法和施胶工艺影响着刨花施胶均匀性。普通刨花板生产中多采用环式拌胶机。

思 考 题

1. 简述刨花板的常用胶黏剂、化学添加剂及其特点。
2. 简述胶黏剂和添加剂用量的计算及其控制方法。
3. 刨花施胶的方法有哪几种？常用的拌胶设备有哪些？各有什么特点？

第 6 章

板坯铺装和预压

在刨花板生产中,板坯铺装是很重要的工序。用不同的铺装方法和设备,可以得到不同结构和不同铺装精度的板坯。板坯结构和铺装质量直接影响刨花板的物理力学性能。为了减小热压机开档和提高板坯强度,需要对板坯进行预压,应根据板坯特点和热压机类型选择合适的运输方式。板坯预热可以有效提高热压机生产效率和改善产品质量。热压前,需要对板坯进行一系列检测,以保证产品质量和热压机安全。本章重点介绍了刨花板坯铺装和预压的方法和设备,并对板坯的输送、预热、检测方法和设备进行了简述。

6.1 板坯铺装

板坯铺装是将施胶刨花铺撒成一定规格、厚度均匀稳定、呈松散带状板坯的过程。在刨花板生产中,板坯铺装是重要的工序,铺装质量直接关系到刨花板产品的质量。

6.1.1 板坯结构类型

刨花板常见的板坯结构类型有单层、三层、五层结构和渐变结构(见图6-1)。

单层结构板坯是将施胶刨花随机铺成均匀的板坯;三层结构板坯有两个细刨花表层和一个粗刨花芯层;五层结构板坯有两个细刨花表层,紧靠表层的是两个对称的由较粗刨花组成的芯层,中间的芯层由粗刨花组成;渐变结构板坯的中心层由粗刨花组成,由中心至表面的刨花逐渐变细小,表层由最细小的刨花组成。

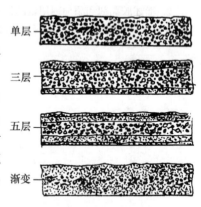

图 6-1 刨花板板坯结构

6.1.2 铺装工艺要求

①铺装均匀稳定:刨花铺装时,要求保持均匀准确的供料,以保证铺装板坯的密度分布均匀,厚度偏差小。

②板坯结构对称:板坯对称层上的刨花应规格相同、质量相等,使板坯结构平衡,这是避免刨花板产品翘曲变形的关键。

③表层细密:根据板坯结构类型,通常表层使用含胶量略多的细刨花,保证成品板表面致密和板面光洁平整,芯层则使用含胶量略少的粗刨花。一般芯层刨花占刨花总量

的 1/2～3/4，上下表面的刨花各占总量的 1/8～1/4(见表 6-1)。

表 6-1 表层和芯层刨花的重量比例

刨花板厚度 (mm)	表层刨花百分比 (%)	芯层刨花百分比 (%)
8	55	45
10	50	50
12	45	55
16	40	60
19	35	65
25	30	70
30	25	75

6.1.3 铺装方法

板坯铺装方法很多，可以是连续式的，也可以是间歇式的。根据机械化程度不同，可以是手工铺装，也可以是机械铺装。在实际生产中，需要根据刨花形状与尺寸、板材结构、板材性能要求以及产量高低来选择铺装方法。

间歇式铺装是将称量好的刨花，一块一块地铺成独立的单张板坯。连续式铺装时板坯铺装过程不间断，从铺装机出来的是连续的板坯带。通常小规模生产采用间歇式，大规模生产采用连续式。

手工铺装就是将一定数量的施胶刨花直接铺在垫板上，人工推平。这种方式的铺装质量差，生产效率低，不适宜大规模生产。机械铺装能保证铺装精度，生产效率和产品质量要比手工铺装高很多。

常用机械铺装方式可分为：机械式铺装、气流式铺装和机械气流混合式铺装。

(1) 机械式铺装

此种方式常用匀速转动的刺辊或光辊将落于其上的刨花抛撒在运行的铺装带上。大小不同的刨花被抛出的距离也不同，因而只要选用合适的铺装头类型、直径、转速和安装高度，就可铺出具有一定分选效果的均匀板坯。刺辊式铺装头的常见形式有单辊式、双辊式、三辊式和梳辊式(见图 6-2)。单辊式铺装头可用于多层结构的表层铺装，也用于渐变结构板坯的铺装，其分选效果与刺辊直径、转速、刺长及刺间间距有关；双辊式铺装头无明显的分选作用，只用于板坯芯层铺装；三辊式铺装头也无明显的分选作用，用于产量较高时板坯芯层铺装；梳辊式铺装头用于铺装纤维状刨花，可防止"结团"。

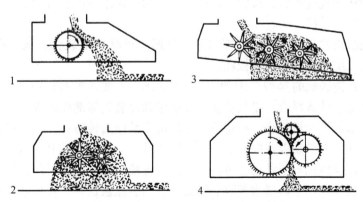

图 6-2 刺辊式铺装头的常见形式
1. 单辊式 2. 双辊式 3. 三辊式 4. 梳辊式

(2) 气流式铺装

气流式铺装(见图 6-3)是利用均匀的气流来铺装刨花，由于大小不同的刨花其重量不同，在气流中悬浮速度也不同，从而使轻的刨花落点远，重的刨花落点近，在运动的铺装带上形成表层细致的渐变结构板坯。气流式铺装的特点是分选能力强，铺出的板坯表面细密。

(3) 机械与气流组合式铺装

典型的组合方式是用气流式铺装头铺表层，用机械式铺装头铺芯层。这样较方便于表芯层采用不同的刨花、胶黏剂和施胶量。合理的搭配易使成品板坯具有良好的表面质量，又具有较高的强度性能，同时还可降低生产成本。由于这种铺装机生产能力大，常用于大型生产线。

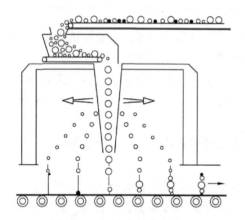

图 6-3 气流式铺装原理图

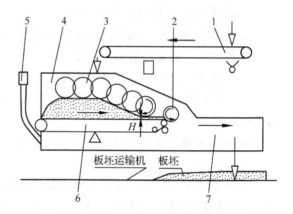

图 6-4 机械式铺装机的结构示意图
1. 刨花均布下料器 2. 拨料辊 3. 拨料耙 4. 计量料仓
5. 排气系统 6. 计量带及称重传感器 7. 铺装头

6.1.4 铺装机

铺装机种类很多，按铺装方法分为机械式铺装机和气流铺装机，按安装方式分为固定式铺装机和移动式铺装机，按刨花排列方向分为普通刨花铺装机和定向刨花铺装机。

(1) 机械式铺装机

机械式铺装机的类型很多，性能各异。早期的机械式铺装机占地面积小，产量较低，适合铺装三层或多层结构的板坯。

传统机械式铺装机的典型结构如图 6-4 所示。机械式铺装机由刨花均布下料器、拨料辊、拨料耙、计量料仓、排气系统、计量带和铺装头等部件组成。刨花经均布下料器分配后进入铺装机计量料仓，料仓下部有计量带及称重传感器，进入料仓的刨花撒落在计量带上，计量带带动刨花向前运动(计量料带可以根据要求进行调速)，料仓内设有拨料耙，通过拨料耙不断转动，可将多余的刨花耙向计量仓的后部，使得计量带上的刨花经计量后被逐步扫平而成为等厚的刨花流。当刨花被送到计量带端部时，被处于计量带前上方的拨料辊拨落，并将结团的刨花打散，在导流板作用下，刨花被均匀地撒落在铺装室内的铺装头(辊)上。铺装辊上均匀地嵌有许多针刺，可以使撒落在铺装辊上的刨花受到刺辊的多次碰击而被充分打散开来。在刺辊的抛散作用下,大而重的刨花被抛得较远,小而轻的刨花则被抛得较近。如将铺装头成对使用,即可形成细—粗—细结构的板坯。这种类型铺装机铺装出的板坯有较好的板坯平整度,对原料树种的变化不敏感,无须针对原料的不同而作频繁调整。由于施胶后的刨花重量差异不大,这种类型的铺装机铺装出的板坯其渐变结构并不是很明显。

(2) 气流式铺装机

气流式铺装机分选能力强,可形成表面细致的渐变结构板坯,但是由于受到气流的紊流影响,铺装后的板坯平整度较差,且能耗高,不便于日常维护。

气流式铺装机由计量料仓、铺装室、耙辊机、计量带、拨料辊、风栅组、风机等组成,如图6-5所示。施胶刨花由进料口进入,通过带运输机运送并被分配螺旋均匀地撒入计量料仓中。料仓下部有计量带,进入料仓的刨花落在计量带的整个宽度截面上,由计量带带动向前运动。料仓内设有四个同步转动、互成90°的耙辊组成的耙辊组,通过这些耙辊不断转动,可将刨花耙平与耙松,实现容积计量。此外,在第一耙辊后安装有同位素密度控制装置,可以根据单位截面积上的刨花重量变化来微调第一耙辊高度,使计量带单位面积上的刨花重量保持不变。当刨花被送到计量带端部时,由位于计量带前上方的拨料辊拨落,并将结团的刨花打散。被打散的刨花通过摆动下料器交替进入铺装室左右两组交错配置的风栅组之间,在左右两侧风栅喷射出的水平气流作用下,刨花就被铺撒开来并落在钢带上。由于不同大小的刨花其重量不同,在气流中悬浮速度也不同,从而使轻而小的细刨花落点较远,重而大的粗刨花落点较近,这样就在运行的铺装钢带上面形成了均匀的表面细致的渐变结构板坯。为了防止大而薄的轻刨花落于板坯表面,装有振动筛网,可挡住大刨花并使其落于板坯的芯层。使用这种类型的铺装机铺装

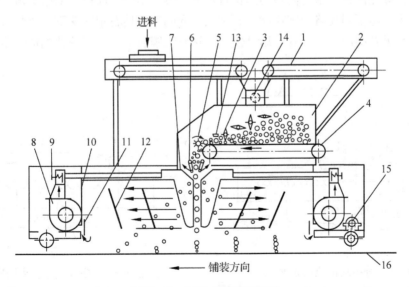

图6-5 气流式铺装机结构

1. 带运输机 2. 计量料仓 3. 耙辊组 4. 计量带 5. 拨料辊 6. 摆动下料器 7. 风栅组 8. 风机 9. 微调风门 10. 铺装室 11. 引风挡板 12. 振动筛网 13. 同位素密度控制装置 14. 分配螺旋 15. 行走机构 16. 钢带

出的板坯渐变结构较为明显，而且板坯表面细致，但是板坯的平整度差，且对树种及刨花含水率的变化较为敏感，必须时常对铺装气流作相应的调整。

(3) 分级式机械铺装机

分级式机械铺装机是目前国内外应用较广泛的一种新型机械式铺装机。其工作原理与传统机械式铺装机不同。施胶刨花通过铺装辊（钻石辊）圆周面上的细、中、粗菱形花纹及辊间间隙时，按照刨花颗粒大小受到机械强制分选之后，在气流作用下，按照尺寸、密度进一步分选，铺装成为表细中粗、连续均匀的渐变结构板坯，同时通过带式剔除废料运输机或螺旋运输机将过大的刨花、胶团、石块、金属等杂物排出，最大限度地保护热压板及钢带。分级式机械铺装机的刨花下落高度一般仅为气流式铺装机的1/10，因此刨花下落过程中宽度方向的位置变化不大，从而保证了铺装精度；同时，由于铺装的表层板坯在一定的板厚范围内较均匀，因而易于砂光处理，有利于二次加工。分级式铺装机具有铺装精度高、能耗低、无须日常维护、粉尘较少等一系列优点。

分级式铺装机由刨花均布运输机、拨料辊、拨料耙、计量料仓、计量带、钻石辊铺装头和剔除废料运输机等部件组成，如图6-6所示。施胶刨花经均布运输机送到计量料仓内，进入料仓的刨花落在计量带上，由计量带带动前行，而料仓内的拨料耙不断旋转，将多余的刨花耙向计量仓的后部，并使计量带上刨花保持一定厚度。刨花送到计量带端部时被处于计量带上方的拨料辊打松，并被抛入铺装室内落在铺装头上。铺装头由密封辊和钻石辊等组成，如图6-7所示。密封辊紧贴计量带安装在钻石辊上方，防止大刨花渗漏，影响板坯表面质量。铺装室内设有多个直径相同的处于同一平面的钻石辊，根据钻石辊的花纹深度与间隙，分为细辊区、中辊区和粗辊区，离计量带近的钻石辊花纹深度小，辊间间隙小，而离计量带远的钻石辊则花纹深度大，辊间间隙也大。进入铺装室的刨花落在不断向前转动的钻石辊上，形成不断向前行进的刨花流，同时刨花流中细、中、粗不同规格的刨花就会分别从不同间隙的钻石辊间落下。排气系统由气体收集器、管道及阀门组成，其作用是使通过钻石辊铺装下落的刨花得到进一步分选，提

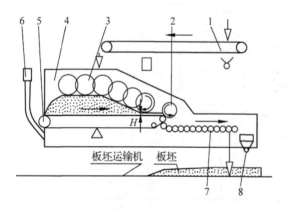

图6-6 分级式铺装机原理
1. 均布运输机 2. 拨料辊 3. 拨料耙 4. 计量料仓
5. 计量带及称重器 6. 排气系统 7. 铺装头（钻石辊）
8. 剔除废料运输机

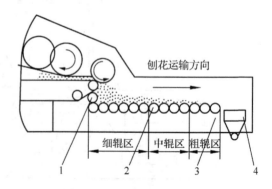

图6-7 分级式铺装头结构
1. 密封辊 2. 钻石辊 3. 机架 4. 剔除废料运输机

高铺装效果,同时收集铺装机工作时产生的粉尘,保持生产环境清洁。剔除废料运输机将钻石辊分离出来的过大刨花、胶团、石块等杂物排出,防止发生堵塞。

(4) 机械与气流混合式铺装机

机械与气流混合式铺装机充分利用气流铺装和机械铺装各自的优点,将气流铺装用于表层,刨花分选效果好,铺装的板坯表层刨花细小、平整;机械铺装用于芯层,铺装均匀,保证了刨花板的物理力学性能。采用机械与气流混合式铺装机,由于表、芯层刨花分开施胶和铺装,板坯的结构与质量容易控制,可配套产量较大的刨花板生产线。其不利之处在于占地面积较大、能耗较高。机械与气流混合式铺装机结构种类较多,性能各异,应根据生产工艺需要进行选择。比较典型的机械与气流混合式铺装机一般由三个或三个以上铺装头组成,两个气流铺装头用于表层铺装,一个或多个机械铺装头用于芯层铺装,如图6-8所示。

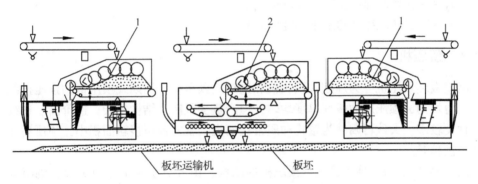

图6-8 机械与气流混合式铺装机
1. 气流铺装头 2. 机械铺装头

6.2 板坯预压

预压是指在室温下,将铺装好的松散板坯压到一定的密实程度。一般情况下,采用连续钢带及垫板将板坯送入热压机可不需要预压,但国内也有不少工厂采用预压生产;而用无垫板方式生产刨花板,板坯预压则是必不可少的工序。

6.2.1 预压目的

预压主要达到下述三个目的:首先,经过预压能提高板坯密度,使板坯有足够的初始强度,在运输和送入热压机的过程中不会折板或损边;其次,经过预压的板坯厚度减小,从而可减小热压板的间距,缩短热压闭合时间和热压周期,提高产量;最后,预压能使板坯密实,热压机就可采用较快的闭合速度,而不会吹开板坯表面的刨花,也不致由于板坯中空气冲出而损坏板坯边部。

6.2.2 预压工艺

预压工艺主要包括预压压力和预压时间。预压压力取决于板坯的密度,也取决于板坯的强度，一般由树种、刨花尺寸、刨花弹性、板坯含胶率、板坯初粘性和闭合过程等因素决定。刨花板预压工艺要求为：一般板坯压缩量为 1/2～1/3，预压压力在 1.5～1.6MPa；预压时间对板坯最终厚度影响不大，一般情况下的刨花板预压时间为 10～30s。

预压后板坯厚度有回弹现象，回弹大小与刨花种类、预压力大小和胶种有关。一般回弹率为 12%～25%，压缩率和回弹率的计算见式如下：

$$压缩率 = \frac{d_1 - d_2}{d_1} \times 100\%$$

$$回弹率 = \frac{d_2 - d_3}{d_2} \times 100\%$$

式中：d_1——板坯铺装厚度(mm)；
d_2——板坯回弹后实际厚度(mm)；
d_3——板坯压缩到的最小厚度(mm)。

6.2.3 预压机

刨花板坯预压机分为周期式预压机和连续式预压机。周期式预压机的预压接触面积大，压力均匀，预压后的板坯厚度均匀，但产量受限制，结构复杂，造价高。连续式预压机种类较多，大致可归纳为辊式和履带式两类。辊式预压接触面积小，预压后板坯厚度均匀性稍差。

图 6-9 所示为一种辊式连续预压机的结构，由五对小压辊和两对大压辊组成。上压带形成封闭环，沿着第一对大压辊、五对小压辊的上辊及张紧辊移动。下压带沿两对大压辊和五对小压辊移动。已铺装板坯由板坯输送带送入预压机加压区，板坯带被上、下压带夹着运行。由于压辊间距由前往后逐渐减小，对板坯的压力于是逐渐增大，板坯压缩量也逐步增大。通过最后压辊时，板坯所受预压力达到最大，从而达到压缩要求。

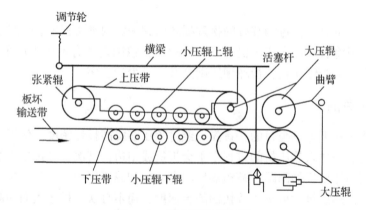

图 6-9 辊式连续预压机

履带式预压机有一条循环的塑料表面传送带，如图 6-10 所示，预压机的压板分别位于压机的上下两面，压板分段地绕着端头的辊筒转动。预压机速度可随铺装速度调整。

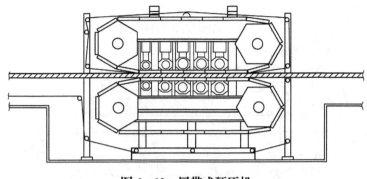

图 6-10 履带式预压机

6.3 板坯预热

板坯预热，是指在板坯进入热压机前，通过一定的方法使板坯的温度升高到一定水平的过程。板坯预热可以提高板坯的基础温度，从而缩短热压时间，提高热压机产能，改善产品质量。

板坯预热温度不能太高，一般为 70℃ 左右，最高不能超过 80℃，否则胶黏剂容易提前固化而失去胶合强度。在刨花生产中，板坯预热主要有三种形式：热板预热、电磁波预热和热气流预热。

6.3.1 热板预热

热板预热是利用类似于热压机的预热装置对板坯进行预热，这种预热形式主要适用于单层压机的生产线。预热压机同时起到两个作用：一是代替预压机对铺装后的板坯进行预压，一是对板坯进行预热。它与单层热压机同节拍工作。一般上压板温度为 75℃，下压板温度为 80℃，压力为 1.0MPa，时间为 2min 左右。

6.3.2 电磁波预热

电磁波预热是一种较早采用的板坯预热方式，在人造板工业中应用较为广泛。电磁波预热是利用电磁波(如高频电磁场、微波等)的能量使板坯温度快速升高。这种方法的优点是适应性强，它可以应用于几乎所有的木质板坯(如刨花板、中密度纤维板、定向刨花板、单板层积材等)。缺点是板坯中的水分和胶液相对于木材更容易吸收电磁波能量，可能会造成板坯加热不均或部分胶黏剂预固化的问题。

6.3.3 热气流预热

热气流预热是以热空气、热蒸汽或蒸汽-空气的混合气体为热介质，直接穿过较冷的板坯，释放出热量使板坯升温的方法。随着刨花板工业的技术发展，现在越来越多的刨花板连续平压机生产线开始采用热气流方式对板坯进行预热。图 6-11 所示为德国辛贝尔康普公司的 ContiThermal 板坯预热系统。据报道，采用这种方法，当板坯温度从

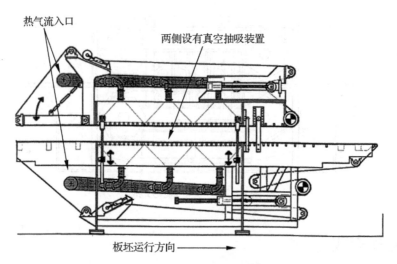

图 6-11 ContiThermal 板坯预热系统示意图

30℃升高到70℃时，连续压机的产能可以在原来的基础上提高30%~50%。因此，板坯预热是提高热压机生产效率非常有效的方法。

热气流预热采用的热介质不同，其加热过程和工艺控制也不相同。采用热空气作为加热介质时，热空气穿过比它温度低的板坯时释放出热量，使板坯升温。但是，热空气在加热板坯的同时，往往会带走刨花中的水分，使板坯含水率下降，从而对板坯的压缩性和传热性有一定的影响。采用热蒸汽作为加热介质时，板坯温度的提高是借助蒸汽通过板坯时在刨花表面的冷凝作用而实现的，当高温的蒸汽接触较冷的刨花时，蒸汽就会在刨花表面冷凝而释放出热量，从而非常快地使板坯加热。与热空气正好相反，蒸汽加热板坯的同时会带进去水分，使板坯含水率增加。另外蒸汽加热容易出现使板坯加热不均匀和温度过高(甚至达到100℃)的问题，因此较少单独采用。目前，较为广泛采用的预热介质是蒸汽-空气混合气体，这种热介质克服了热空气和热蒸汽的缺点，可以通过灵活地调整蒸汽和空气的混合比例(露点温度)，精确设置预热温度。

6.4 板坯输送

板坯输送是指通过一系列的运输装置，将铺装好的板坯送至预压、截断等工序，最后到达热压机中的整个过程。板坯输送装置分为有垫板输送和无垫板输送两大类。

6.4.1 垫板循环输送

垫板循环输送的运输方式是在铺装时直接将板坯铺装在一块块的金属垫板(一般为硬质铝合金板)上，由金属垫板载着刨花板坯向前运行，经过预压和横截后，随板坯一同进入热压机。在早期的小型刨花板厂常用。这种输送装置系统庞大，结构复杂，垫板容易变形，压制的刨花板厚度偏差较大。此外，垫板的预热和冷却增加了能耗，目前已被淘汰。

6.4.2 无垫板输送

无垫板输送板坯以柔性垫网或钢带替代了金属垫板作为运输载体,不仅简化了生产线布置,而且节省了投资和能耗。根据不同的铺装设备和热压机类型,无垫板输送主要有以下几种:

(1) 挠性垫网输送

这种输送装置可与固定式铺装机、移动式横截锯和周期式单层热压机配合使用(见图 6-12)。

挠性垫网是板坯的承载装置,用金属线编织而成,长度比板坯稍长。它的挠性好,使用寿命长。挠性垫网的前端固定在一块牵引板上,由牵引链上的拉钩拉住牵引板带动挠性垫网运行。牵引链分为慢速链和快速链,慢速链不停地运行,而快速链则周期性工作。在慢速链的牵引下,挠性垫网先通过铺装机铺装板坯,由于相邻

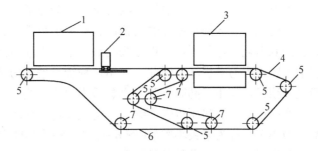

图 6-12 挠性垫网输送示意图
1. 固定式气流铺装机 2. 移动式板坯横截装置 3. 单层热压机
4. 快速牵引链 5. 快速链轮 6. 慢速牵引链 7. 慢速链轮

两垫网间总有一小段重叠在一起,因此铺成的是一条连续不断的板坯带。板坯带经截断后成为单块板坯。其截断装置就是一个吸料口,当需要截断时,截断装置由慢速链带动随链同步运行,同时,截断装置的吸料口落下,并在与板坯运行方向相垂直的方向上运动,在两垫网重合部位将板坯截断,成为一定长度的板坯。截完一段板坯后,截断装置则回到原始位置,准备下一个循环的工作。当板坯到达热压机附近时,热压机恰恰完成一个热压周期,压板张开,快速牵引链启动,带动垫网快速前行,将压好的板子运出,且在热压机出口处使板子和垫网分离。板子被送到下一个工序,垫网则随快速链的回空边返回到慢速链的回空边,并回到铺装机下,准备进行下一个循环的铺装。快速链在从热压机中运出板子的同时,又将另一块板坯送到热压机中。新的板坯运送到热压机内的指定位置时,快速链停止,压机闭合,进行下一个循环的热压。

在这种板坯输送装置中,不合格的板坯不能在中途卸下,而是在热压机后部设有回收装置,使不合格的板坯直接经过张开的热压机,进入回收装置中。

(2) 连续钢带(网带)输送

这种板坯输送装置适合于移动式铺装机和周期式单层热压机生产线。由驱动辊、运输带和张紧辊组成。驱动辊安装在热压机后面,为运输带提供动力。张紧辊安装在铺装机前面,是被动辊,主要作用是为运输带提供一定的张力。整条运输带贯穿于铺装、截断、检测、热压等环节。热压过程中,运输带是静止不动的。在此期间,铺装机向着背离热压机的方向移动并铺装板坯,铺完一块板坯后,铺装机返回到原来的位置,准备下一个循环的铺装。由横截装置将板坯带截成一定长度的板坯。板坯在检测秤上称量后等

待热压。一个热压周期结束后,压板张开,运输带向前运动,将压好的板子运出热压机,同时又送入一块板坯。然后压板闭合,进行下一个周期的热压,同时铺装机又开始工作。

(3) 无垫层热压的板坯输送

这种输送方式可用于连续式铺装机、预压机、周期式多层热压机或连续热压机系统的板坯输送。所谓无垫层热压的板坯输送,是指输送装置直接将板坯送入热压机中,而输送载体不随板坯进入压机的一种输送方式。该方式在现代化的刨花板生产中被广泛采用。

无垫层输送的优点是热压时没有垫层,避免了由于垫层材料的变形和不平所引起的产品厚度误差。与垫板循环输送相比,省去了垫板回送装置,能节省占地面积,减少动力和能源消耗。这种板坯输送方式的缺点是当板坯初强度不足时,在输送和多次转运过程中板坯很容易被损坏。因此,采用这种板坯输送方式时,要求胶黏剂的初粘性要高,板坯必须经过预压,同时施胶量也要适当提高一些。

在周期式多层热压机生产线上,完成无垫层板坯输送的装置常用的是一个底部带有滚轮的小车,称为装板小车(见图6-13)。该小车能在钢轨上作前后移动。小车架上装有与压机层数相一致的数条悬臂运输带,每条运输带可单独运行,也能同步运行。这种设备的运输和装卸板坯过程如下:

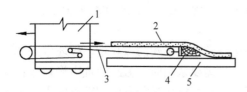

图6-13 无垫层装板示意图
1. 装板小车 2. 板坯 3. 运输带
4. 铲头 5. 热压板

预压后的板坯被截成一定长度后,经过板坯输送装置直接到达装板小车的运输带上。向装板小车上装板时,小车不动,小车架上的运输带载着板坯运转,当板坯到达运输带上的指定位置时,运输带停止运转。当小车架上的每层都装完板坯后,小车前进,将运输带的悬臂部分连同板坯一起送入热压机的间隔内。同时,运输带前端的铲头将已压好的板子推出热压机。小车从指定位置开始后退,与此同时,运输带按顺时针方向转动,小车后退速度和运输带转动的线速度相等,板坯处于相对静止的状态下被放置于热压板上。除了小车装板的型式外,在刨花板生产中还广泛采用推板机构形式的装卸板机完成无垫层材料的板坯输送。

6.5 板坯检测

为了保证产品质量,不少生产线上都设置了板坯密度检测装置。有的生产线上还装有金属物检测装置,以剔除夹在板坯中的金属物,确保设备安全。

6.5.1 密度检测

检测和控制板坯的密度,目的是为了控制板子的密度。此装置可安装在铺装机后面,也可以安装在热压机前面。检测板坯的密度,可以通过称量板坯的质量来检测平均密度，也可以通过检测板坯单位面积上的质量来检测。

图 6-14 所示为检测板坯平均密度的桥式电子秤。电子秤的计量由 A、B 两部分组成。A、B 两部分的外端分别铰连在固定端头上，它支承全部水平质量。A、B 两部分的相邻端，分别与相应的测力传感器上的敏感传力杆相接触。在 A、B 两部分中间的板坯质量，通过敏感传力杆传给测力传感器。控制中心收到传感器来的信号，将其放大显示，控制运输机排除不合格板坯，并向铺装机发出信号，调整下料量，以控制板坯的平均密度。

检测板坯单位面积上的质量，可通过同位素控制装置实现。该装置安装在环绕板坯的框架上，框架横梁的下面装有射线发射源，上面装有射线接收室，发射源和接收室可在垂直于板坯运行方向的横梁上同步移动。当板坯穿越同位素控制装置时，发射源发出的射线一部分被板坯吸收，另一部分进入接收室。板坯吸收射线的量与板坯单位面积的质量成正比。未被板坯吸收的射线进入接收室，形成电离电流，该电流与标准值比较，以检测板坯单位面积的质量是否符合要求。若达不到要求，则同位素控制装置将发出信号，自动调节铺装机，改变下料量，从而改变板坯单位面积的质量，以调整板坯的密度。

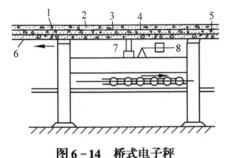

图 6-14 桥式电子秤

1. 板坯　2. 垫网　3、4. 组成电子桥的 A、B 两部分
5. 支撑板　6. 链条拉钩　7. 测力传感器　8. 秤锤

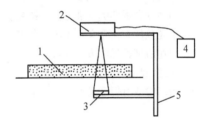

图 6-15 γ射线密度探测仪

1. 被测板坯　2. 传感器　3. γ射线输出器
4. 二次仪表　5. 移动扫描架

图 6-15 所示为 γ 射线密度探测仪。利用该仪器，可以对板坯进行非接触式监测。γ 射线密度探测仪安装在一个移动式扫描架上，通过对板坯横向扫描，测量板坯单位体积的质量。γ 射线密度探测仪测得的信息输入计算机系统，再调整铺装机的输送带速度以实现密度控制。

6.5.2　金属探测

混入板坯的金属物会损伤热压板或连续热压机的钢带，造成重大的经济损失。因此，在板坯进入压机之前应及时将其剔除。

图 6-16 所示为一种金属探测器，用于检测板坯中的金属物。它由一个射频发生器和一个射频接受器组成。射频发生器是一个射频磁场，射频接受器则与之相匹配，形成一个平衡系统。当板坯中夹带着金属物通过探测器时，会破坏二者的平衡。接受器将发出信号，通过控制装置发出警报，或将夹带金属物的板坯直接排除。

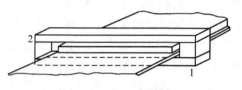

图 6-16 金属探测器
1. 射频发生器 2. 射频接收器

本章小结

  板坯铺装是刨花板生产中非常重要的工序。用不同的铺装方法和设备，可以得到不同结构和不同铺装精度的板坯，板坯结构和铺装质量直接影响刨花板的物理力学性能。板坯预压可以有效地减小热压机开档和提高板坯强度。板坯运输方式分为有垫板输送和无垫板输送，现代化刨花板生产线多采用无垫板输送方式。板坯预热可以有效提高热压机生产效率和改善产品质量。热压前，应对板坯进行密度和金属检测，以保证产品质量和热压机安全。

思 考 题

1. 刨花板生产中对铺装工艺有什么要求？
2. 简述刨花板坯的铺装方法、铺装设备及其特点。
3. 板坯预压有何意义？预压设备有哪些？
4. 简述板坯输送的方式及特点。
5. 简述板坯预热的目的和方法。
6. 板坯检测有何意义？

第 7 章

刨花板热压

刨花板热压是指刨花板坯在一定的温度和压力作用下，制成一定密度和厚度刨花板的过程。热压过程是一个复杂的物理化学变化过程，基本上是决定人造板产品内在性能的最后工段。正确的热压工艺和合理的设备选型保证了产品的质量和产量。本章介绍了刨花板热压原理，分析了热压三要素（温度、压力和时间）的作用，给出了刨花板的热压曲线，叙述了单层或多层平压式热压机、立式或卧式挤压式热压机以及各种形式的连续式热压机。

热压是指在一定的温度和压力作用下，将板坯压制成一定密度和厚度板材的过程。热压是刨花板生产中最重要的工序之一，它与板材的力学性能关系密切，在很大程度上决定了产品的质量，同时决定着生产线的产能效率。

7.1 热压的作用和方法

7.1.1 热压的作用及影响因素

热压主要有以下三个方面的作用：①在加热和加压的条件下，将板坯迅速压缩到预定的厚度；②使板坯中胶黏剂充分固化，刨花之间形成良好结合，并成为一个有机整体；③使板坯中部分水分气化并从板边排出，达到板子预定的含水率。

热压是一个十分复杂的物理化学变化过程。刨花板坯是由刨花、胶黏剂、各种添加剂、水分和空气等组成的，是一个包含有固体、液体和气体的混合体。在温度和压力的作用下，板坯内部将发生一系列的变化：板坯被快速压缩，厚度减小、孔隙率降低、部分空气被排除，刨花之间接触更紧密，木材产生塑性变形；温度逐渐升高，水分不断蒸发并在板坯内重新分布；胶黏剂进一步发生缩聚反应，放出热量和水分，并迅速固化，最后将板坯压制成具有一定强度的统一整体，得到符合工艺要求的刨花板产品。在热压过程中，这些物理化学变化交织在一起，涉及诸多方面的因素，如木材树种、密度、刨花形态和尺寸、含水率、胶黏剂的种类、施胶量、固化剂及其他添加剂、产品结构、目标密度和厚度、热压温度、压力和时间等。这些因素相互影响，很难用一个简明的公式来说明其作用。其实，在生产过程中许多条件和因素是相对稳定的（如木材树种、胶黏剂种类、刨花形态、产品结构等），在这种情况下，影响产品质量最关键的因素是热压工艺条件。

热压工艺条件包括热压温度、热压压力和热压时间三个方面，也称为热压三要素。正确地选择热压工艺条件，不仅可以保证板材的强度，而且可以提高热压机的生产效率。

7.1.2 热压方法

刨花板热压的方法有多种，可分类如下：

(1) 按作用于板坯上的压力分类

①平压法：由平板加压，且加在板坯上的压力方向是垂直于板坯表面的。如单层压机、多层压机和连续平压机等均采用此法，是目前应用最为广泛的人造板生产方法。

②挤压法：由平板加压，且加在板坯上的压力方向是平行于板坯表面的。是生产空心结构刨花板的主要方法。

③辊压法：由压辊加压，且加在板坯上的压力方向与板坯表面弧线的法线方向一致。是生产薄型刨花板的主要方法。

(2) 按加热板坯的方法分类

①接触加热：板坯的加热靠板坯和热压板直接接触，是应用最多的一种板坯加热方法。

②高频加热：在高频电场作用下，靠板坯内部的介质加热。这种方法耗电量大，费用高，很少单独使用。

③接触-高频混合加热：将接触加热和高频加热两种方法组合起来加热板坯的方法，主要应用于厚板的生产，可缩短热压时间。

(3) 按板坯在热压机中的运动情况分类

①周期式热压：板坯送进压机，压机闭合后，板坯在压机中呈静止状态，热压结束后压机张开，刨花板被从压机中卸出，如此反复循环进行。如单层热压机、多层热压机均采用此法。

②连续式热压：板坯在运动中被加热和加压，刨花板呈带状连续不断地从压机中出来。如连续平压机、辊压机和挤压机等均采用此法。

7.2 热压温度

采用接触加热平板式热压机生产刨花板时，热压温度是指热压板的加热温度。加热压板的热介质可以是高温热水、高温蒸汽或者是导热油，由于导热油热焓值高，温度波动小，不需要压力锅炉，因此在现代刨花板企业被广泛采用。

7.2.1 温度的作用

给板坯加热主要有以下目的：

①提高木材的塑性。在板坯含水率一定的条件下，提高温度，可以显著改善木材的塑性，使板坯在较小的压力下就能很快被压实，有利于控制板子的厚度和密度。

②促使胶黏剂快速固化。刨花板工业常用胶黏剂(如脲醛树脂)在常温下固化速度很慢。提高板坯温度，可以使胶黏剂在预定时间内迅速固化，缩短热压时间，提高生产效率和产品的质量。此外，加热还能增加胶黏剂的流动性，有利于其在刨花表面流动延

展，使胶黏剂分布更加均匀。

③蒸发板坯内的部分水分。从工艺的角度，要求板坯具有一定的含水率，而成品的含水率又必须和环境条件相适应，以防止板子变形，因此需要通过加热来蒸发掉板坯内多余的水分。

7.2.2 热压时间温度特性曲线

板坯的热压时间温度特性曲线直接影响到热压时间和生产效率。图7-1所示为采用接触加热方式时，板坯表、芯层温度随时间的变化曲线。由图可以看出，在热压开始阶段，表层温度迅速上升，很快接近并达到压板温度。芯层温度则上升缓慢，可以分成较为明显的五段：

t_1段：板坯表面开始受热并迅速升温到接近热压板的温度，但芯层温度无变化。

t_2段：芯层温度开始快速上升，继续到水分即将开始蒸发为止。

t_3段：板坯内水分开始蒸发，直到芯层温度达到水的沸点。这一阶段温度上升缓慢，如蒸汽不能很快逸出，沸点会上升。

t_4段：水分继续蒸发，此时水分带走的热量与输入板坯的热量达到动态平衡，板坯温度保持恒温。若蒸汽不能逸出，将使其内部蒸汽压力升高，导致水的沸点上升，芯层温度将不能保持恒温。

t_5段：继续加热，芯层温度缓慢上升，高于沸点温度，并逐渐接近表层温度，直至热压结束。

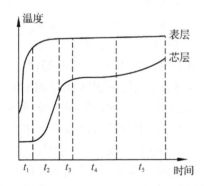
图7-1 热压时板坯表、芯层温度变化曲线

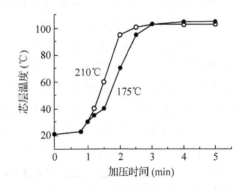
图7-2 热压温度对芯层温度传递的影响

7.2.3 影响热量传递的因素

(1) 热压板的温度

提高热压板的温度，加大板坯表、芯层的温度梯度，能够提高热量传递的速度，使板坯芯层温度迅速上升到100℃。因此，提高热压温度是缩短热压时间、提高产量的有效措施。从图7-2可以看出，当热压板温度从175℃提高到210℃时，芯层温度达到100℃的时间从3min降至2.5min。

(2) 热压压力

对于接触加热的热压方式，热传导是热量传递的主要形式。因此，增大压力可使刨花之间接触紧密，能够加强热传导效应，从而加快表层向芯层传递热量的速度，如图7-3所示。

(3) 刨花板厚度

刨花板厚度越大，热量传递的路径越长，芯层升温和达到100℃所需的时间就越长，如图7-4所示。

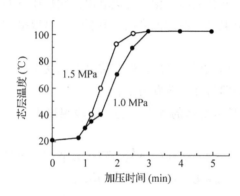

图7-3　热压压力对芯层温度传递的影响　　图7-4　刨花板厚度对芯层温度传递的影响

(4) 板坯含水率及其分布

板坯含水率及其分布是影响刨花板性能的一个重要因素。

热压前板坯含水率来自三个方面。首先，刨花在干燥后，按照工艺的要求，并不是绝干的，在刨花中仍保持一定的水分。干燥后刨花的含水率一般为2%~5%。如果用粉末状胶黏剂，应采用较高的含水率。这样，在拌胶时有利于保持住树脂胶胶层。其次，拌胶时加入的液体胶黏剂是板坯中水分的第二个来源。刨花板用的脲醛树脂胶一般固体含量约为60%~65%。酚醛树脂胶的固体含量差别较大，常用的酚醛胶固体含量为40%，也即胶液的60%是水分。在很多情况下，过多的水分使板坯最终含水率会升高11%以上。板坯中水分的第三个来源是树脂胶固化时的缩聚反应，树脂胶进行缩聚反应要产生一部分水。据报道，每增加6%的施胶量(固体树脂)，热压时因树脂缩聚反应会使板坯含水率增加0.9%。板坯平均含水率通常控制在6%~15%。过高的含水率要延长热压时间，而含水率过低，可能在压机闭合时发生问题，使板厚达不到要求。

热压时板坯内形成外高内低的温度梯度，其曲线是热压时间的函数。热压板闭合时，板坯表面立即与热压板接触，板坯表面温度很快上升。热压开始时板坯内是室温，随着热压时间延长，芯层温度上升，板坯表层与芯层的温度梯度逐渐缩小。

板坯内的含水率梯度正好与温度梯度相反。热压开始后，表层的水分首先受热蒸发，向内部冷的地方流动，在蒸汽向中心移动的过程中把热量带向芯层，使芯层温度快速上升。因此，适当提高板坯的含水率尤其是表层的含水率，可利用蒸汽冲击效应，增强对流传热，加速热量传递(见图7-5)。

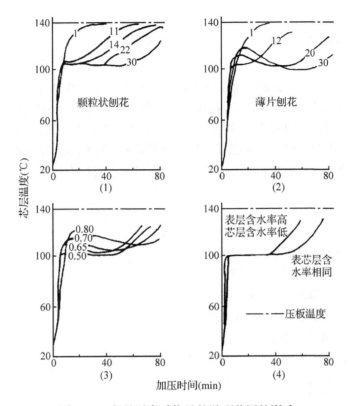

图 7-5　各种因素对热量传递到芯层的影响
(1)、(2) 1%~30% 不同含水率的时间温度曲线　(3) 0.50~0.80g/cm³ 不同密度的时间温度曲线
(4) 表芯层含水率差异的影响

(5) 刨花形态

刨花的形态和大小决定了板坯内部的结构和孔隙率，因而对水蒸气在板坯内部的流动和对流传热影响较大。全部用薄片状刨花组成的板坯，热压时其内部水分移动困难。如图 7-5(2) 所示，这种板坯在含水率高时芯层达到沸点后，水蒸气不容易逸出，随着热量不断向芯层传递，内部蒸汽压力逐渐增加，使水的沸点提高。当温度继续提高，直至足以使水分气化，在比较高的蒸汽压力下，水分蒸发并从边部逸出。水分蒸发带走热量，使芯层温度下降，并接近 100℃，直到水分蒸发结束，温度又开始上升。

(6) 刨花板密度

刨花板密度也直接影响芯层的时间温度曲线，如图 7-5(3) 所示。密度高的刨花板由于压得结实，表层蒸汽向芯层移动困难，所以开始温度上升速度较慢，但在整个热压过程中不断持续地上升，芯层水分沸点也高，当芯层水分开始蒸发并从边部逸出时，芯层温度开始降低并接近 100℃，但始终会高于 100℃。密度低的刨花板则不同，板坯孔隙率大，热压时有利于蒸汽从表层向芯层传递。因此，这种板坯芯层温度上升较快，达到 100℃ 后水分开始蒸发并从板边逸出，芯层温度保持恒温，直至水分不再逸出则温度又开始上升。

7.3　热压压力

热压压力是指板坯单位面积上所承受的压力，其含义是作用于板坯上压强的大小，通常用单位 MPa 或 N/mm² 表示。刨花板坯在热压时，所承受压力的大小将影响刨花之间的接触面积、刨花之间胶的传递能力、胶层厚度、刨花板的密度以及剖面密度分布等，因而对刨花板的物理力学性能有着决定性的影响。在热压操作过程中，从仪表上反映出来的往往是液压系统的表压力，二者可以通过公式进行换算。表压力与热压压力的关系如下：

$$P = \frac{4P_1 A}{\pi d^2 n k}$$

式中：P——热压机的表压力(MPa)；

P_1——板坯上的热压压力(MPa)；

A——板坯的面积(cm²)；

d——热压机油缸直径(cm)；

n——热压机油缸数目；

k——工作压力有效系数，一般取 0.9~0.92。

7.3.1　压力的作用

热压过程中，对板坯施加一定的压力，主要是为了克服刨花板坯的反弹力，排出板坯内的部分空气，将板坯快速压缩到规定的厚度，使刨花之间在紧密接触的情况下胶合在一起，达到较高的结合强度。

提高热压压力，尤其是提高热压初期的最高压力，还可以缩短压机闭合时间，使板子表芯层密度梯度增加、静曲强度提高，同时可以促进热量传递。但是，压力的大小要根据刨花原料密度和施胶量合理选择。增加压力会使刨花之间间隙变小，胶合面积增加，有利于刨花之间的胶合，但当压力超过木材的抗压强度后，木材会被压溃，反而降低了产品性能。另外，过高的压力会增加液压系统的负荷，使能耗增加，压板也容易发生变形。

7.3.2　热压曲线

在刨花板热压过程中，根据工艺要求，压力是随时间变化的。压力随时间变化的曲线在人造板工业中称为热压曲线。热压曲线是根据工艺条件预先设定的，其作用是用来控制刨花板的热压过程，以获得理想的刨花板产品。在没有特殊说明的情况下，热压曲线上的压力一般指的是液压系统的压力。

在热压时，为了防止板坯表面刨花上的胶黏剂提前固化，当板坯送入压机后应尽可能快地将板坯压缩到规定厚度。由于此时板坯温度低、塑性差，故一般需要比较高的压力才能在较短的时间内将板坯压缩到目标厚度。树种密度越高、板子厚度和密度越大、升压时间越短，所需要的压力就越大。此时的压力称为最大压力。

在刨花板生产中，往往采用厚度规来控制板子的最终厚度。在这种情况下，最大压力作用于板坯的时间很短，当热压板接触到厚度规以后，由于板坯温度迅速上升，其塑性逐渐增强，易于压缩，加之木材在恒定应变下的松弛特性，作用于板坯上的力呈指数形式快速下降。此时，大部分的压力都由厚度规来承担(见图7-6)。

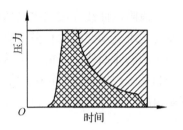

图7-6 使用厚度规时的加压图
(交叉线部分为板坯所受到的压力，斜线部分为厚度规受到的压力)

刨花板生产的热压工艺曲线类型很多，但一般都包含有升压段、保压段和降压段。图7-7所示为采用厚度规控制的多层压机两种比较典型的热压曲线。

① 平稳降压的热压曲线：分为八个阶段，如图7-7(a)所示。

T_1 段：板坯送入压机的时间(装板时间)。

T_2 段：压板开始闭合，一直到上压板刚刚接触到板坯所需的时间。此时板坯尚未受力。

T_3 段：压力从零升到最大压力值所需的时间(升压时间)。

T_4 段：从达到最大压力值到上压板与厚度规接触的时间，即板坯压缩时间。

T_5 段：压力保持时间(保压时间)。

T_6 段：从最大压力值降到零所需的时间(降压时间)。

T_7 段：压板张开时间。

T_8 段：卸板时间。

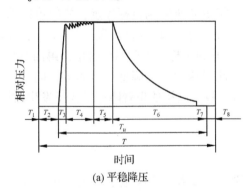
(a) 平稳降压

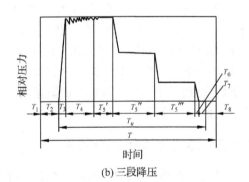
(b) 三段降压

图7-7 多层压机的热压曲线

② 分段降压的热压曲线：可分为两段或三段降压，如图7-7(b)所示。

T_1、T_2、T_3 和 T_4 段：与平稳降压的热压曲线中相同。

T_5'、T_5''、T_5''' 段：三个不同压力水平的保压段。

T_6 段：从最后一个保压段结束到压力降至零所需的时间。

T_7 段：压板张开时间。

T_8 段：卸板时间。

T_u 段：刨花板在热压机内的总加压时间。

分段降压曲线在我国多层压机刨花板生产线上比较常见。平稳降压的热压曲线可减少厚度规承受不必要的负荷，有利于避免热压板的变形和利于板坯内水分的排出，是比较理想的降压曲线。目前，随着设备制造技术的进步，一些新型的热压机采用了电子厚度控制系统(如线性位移传感器LVDT)，与厚度规配合起来一起使用，不仅保证了厚度控制精度，而且保护了压机，减少了能耗。

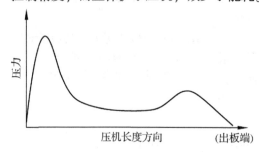

图7-8　连续平压机热压曲线示意图

对于连续平压机而言，由于板坯在热压过程中是在不断运动着的，板坯从压机的前端进入压机，待从压机后端出来时已被压制成了板材。因此，连续压机省却了周期式压机的压板张开、闭合、装板、卸板等辅助时间，压机利用效率高。

连续平压机在其长度方向上分为若干个区域，每个区域的温度和压力都可以独立控制，因此，可以根据原料、板坯情况、产品厚度、剖面密度分布要求等灵活地调整和设置各区域的温度和压力。图7-8为连续平压机的热压曲线示意图。与多层压机的热压曲线所不同的是其横坐标为长度单位。板坯在热压机中的热压时间可以通过压机长度和板坯运动速度(即钢带速度)计算出来。经过预压的板坯随钢带直接进入压机，进行连续热压。一般分为三至四段：第一段为进入段，长约3m，上、下钢带组成3°~5°的楔角，板坯进入压机后所受压力逐渐增大，并迅速排除板坯中的空气，此段为低温加压，以减少板坯的预固化层；第二段为加压段，长度约为6m，压力达到最大值2.5~3.0MPa，将板坯压缩到目标厚度，同时该区采取较高温度，以加速胶黏剂固化，提高板坯表面密度；第三段为保压段，长约5m，此段的压力远低于高压段，主要用于保持板坯厚度，并利用板坯内部蒸汽排出；第四段为降压段(冷却段)，约为压机长度的25%~30%，此段压力逐渐降低直至为零，同时采用较低的温度(约80℃)，板坯在此段逐渐冷却后出板。这样的设置降低了板子发生鼓泡、分层的风险，提高了板坯的运行速度。

7.3.3　影响最大压力的因素

最大压力是热压过程中的一个十分重要的工艺参数，它决定了压机升压时间的长短，即将板坯从初始厚度压缩到目标厚度所需的时间。一般地，在刨花板生产中要求在30s内将板坯热压到预定厚度。最大压力与下列因素有关：

①树种：树种不同，刨花的堆积密度有很大差异。如压制厚度为20.5mm、密度为0.70g/cm³的三层结构刨花板时，松木刨花的堆积密度为0.128g/cm³，而山毛榉刨花则为0.15g/cm³。因此，如果要求用同样的闭合时间压制这两种不同树种的刨花板，所需的最大压力(压强)必然不同：密度大的树种要求较高的压力(见图7-9)。

②板坯含水率：含水率越高，板坯的可压缩性越好，加压时的反弹力就越小，热压时所需的最大压力也越小(见图7-10)。实验条件为板厚12mm，板密度0.658 g/cm³，热压温度160℃，表层施胶量11%，芯层施胶量7%。

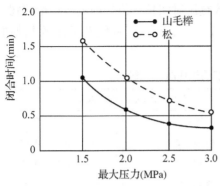
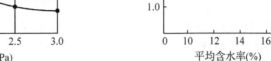

图7-9 原料树种与最大压力(压强)的关系　　图7-10 板坯含水率与最大压力的关系

③施胶量：在板坯含水率相同的情况下，增加施胶量，可使刨花单位面积上的着胶量增加，提高刨花之间的粘合力，可压缩性改善，所需最大压力可相应降低。

④刨花板密度：刨花板密度越大，板坯内空隙度越小，刨花之间的接触越紧密，所需的最大压力也越高。

⑤刨花板厚度：在其他工艺条件相同时，刨花板产品厚度越大，板坯的厚度也就越大，压机升压时板坯对压板的反弹力越大，所需的最大压力也就越高。

⑥热压板温度：温度越高，板坯升温速度越快，塑性越好，所需的最大压力就会减小。但是，温度过高时，因胶黏剂发生预固化，所需的最大压力反而会有所提高（见图7-11）。

⑦闭合速度：如要求闭合速度越快，即升压时间越短，则所需的最大压力就越高。

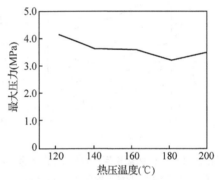

图7-11 热压温度与最大压力的关系

7.4 热压时间

要使得刨花板坯中的胶黏剂完全固化，并使板坯内多余的水分充分排出，达到规定的含水率水平，必须要将板坯在压力和温度的作用下保持一定的时间。从板坯压缩到目标厚度至压板开始张开或压力降为零的这段时间，称为热压时间。

7.4.1 影响热压时间的主要因素

热压时间的长短，直接影响到产品的质量，同时也关系到压机的生产效率。热压时间主要由如下几个因素所决定：

①树种：由于刨花板生产常用的脲醛树脂胶是在酸性条件下固化的，因此，在同样的工艺条件下，pH值和碱缓冲能力大的树种，需要较长的热压时间。

②胶黏剂种类：不同种类的胶黏剂在相同的温度条件下固化速度不同，一般酚醛树

脂胶的固化速度慢，相比脲醛树脂胶的刨花板热压时间长。但目前的改性酚醛树脂胶的固化时间已接近脲醛树脂胶的固化时间。表7-1比较了三种刨花板用胶黏剂的热压时间。

表7-1 三种胶黏剂的热压时间比较　　　　　　　　　　min

胶　种	单位板厚(mm)所需热压时间	
	180℃	220℃
脲醛树脂胶(UF或MUF)	0.18~0.22	0.12~0.14
改性酚醛树脂胶(PF)	0.20~0.22	0.15~0.18
异氰酸酯胶(MDI)	0.18~0.20	—

另外，同一胶种因原料配比和制胶工艺不同，其固化速度也有差异。如采用甲醛和尿素摩尔比高的工艺制得的脲醛树脂，固化速度比低摩尔比的树脂快，因而需要较短的热压时间。固体含量低的树脂固化时间比固体含量高的固化时间长。

③热压温度：压板温度越高，热传递速度越快，芯层达到100℃所需的时间就越短，胶固化就越快；此外，压板温度越高，板坯内水分从表面到中心，然后从中心向板边逸出的速度也越快。因此，热板温度越高，热压时间越短。图7-12所示为压板温度与热压时间的关系。

④产品厚度：产品厚度越大，板坯芯层升温速度越慢，所需的热压时间也就越长（见图7-12）。

⑤固化剂：生产中为了加速脲醛树脂胶的固化，通常在调胶或拌胶时施加一定量的氯化铵溶液作为固化剂。增加固化剂的用量可以缩短热压时间。

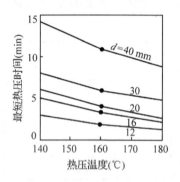

图7-12　压板温度与热压时间的关系
（d 为板坯厚度，板坯平均含水率为11%）

⑥板坯含水率：为避免出现鼓泡或分层的现象，以及保证最终产品的含水率达标，高含水率的板坯一般需要较长的热压时间。在平均含水率相同的情况下，表层含水率高而芯层含水率低的板坯所需的热压时间较短。

⑦板坯预热：经高频电场、蒸汽或热空气预热的板坯，热压时间可以显著缩短。

7.4.2　缩短热压时间的措施

采用接触式热压方法时，板坯芯层温度上升缓慢，热压时间较长。可见缩短加压时间的主要途径在于设法迅速提高板坯芯层温度。

(1) 提高热压温度

提高压板温度有利于热量传递，使芯层温度较快上升，提高芯层胶黏剂固化速度，可缩短加压时间。如压制20mm厚的刨花板时，若热压板温度为110℃，板坯芯层温度达100℃所需时间为15min；若热压板温度为140℃，则只需要7min；若热压板温度为180℃，则只需要3min。

(2) 采用蒸汽冲击法

表芯层刨花采用不同的含水率(表层含水率高，芯层含水率低)，或者采用表面喷水的方法，利用蒸汽冲击效应，可以加快热量传递，从而缩短热压时间。

(3) 板坯预热

在热压前，采用一定的方法，将板坯预热至 70~80℃，可缩短热压时间。

(4) 采用快速固化型胶黏剂

施加快速固化胶，特别是板坯的芯层施加快速固化胶，能提高固化速度，有效缩短热压时间。

(5) 采用高频-接触联合热压方法

采用高频-接触联合热压的方法，能使板坯芯、表层温度同时迅速升高，从而有效地缩短热压时间。

(6) 采用喷蒸热压法

采用喷蒸热压工艺，能使热压时间大大缩短。

7.5 热压时影响刨花板性能的因素

如前所述，热压是刨花板生产过程中最重要的工序之一，它直接关系到刨花板产品的性能，在热压时有许多因素如板坯含水率、压机闭合速度、热压压力、热压温度和热压时间等，都会对刨花板的性能产生深远的影响。

7.5.1 剖面密度分布及其与板性能的关系

采用常规接触式传热方式压制的刨花板，其厚度方向上的密度是不均匀的。在热压时，热量主要是靠水分传递，先从板坯表层传递到芯层，然后从中心扩散到四边，最后从板边逸出，所以板坯的表层到芯层存在着由高到低的温度梯度。温度高的地方刨花可塑性大、压缩率高，而温度低的地方刨花可塑性差、压缩率低。因此，在相同压力作用下，板子厚度方向上由表层到芯层就形成了密度梯度，这个密度梯度就称为剖面密度分布。若以板厚度为横坐标，以密度为纵坐标，可以画出沿厚度方向的剖面密度分布曲线(见图7-13)。

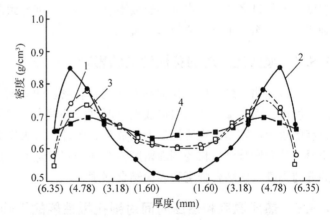

图7-13 典型的刨花板剖面密度分布曲线

曲线1：板坯含水率10%，热压温度163℃，脲醛树脂

曲线2：板坯表层含水率15%，芯层含水率5%，热压温度163℃，脲醛树脂

曲线3：板坯含水率10%，热压温度177℃，酚醛树脂

曲线4：板坯含水率5%，垫板上喷水，热压温度177℃，酚醛树脂

从力学知识可以知道，弯曲应力主要由板的表层承受。在保持板材平均密度不变的情况下，若提高板表层的密度，就将降低板芯层的密度，因而可以得到较高静曲强度和弹性模量、低内结合强度的板材。反之，若降低板表层密度，使之接近于芯层密度，就将得到较高内结合强度和较低静曲强度的板材。因此在实际生产中，我们可以利用这个原理，通过改变热压或其他工艺条件，如提高或降低热压温度、缩短或增加闭合时间、提高或降低表层刨花含水率等，来改变板表层和芯层密度，即改变板材厚度方向的剖面密度分布，从而得到所要求的板材性能。

7.5.2 闭合速度对刨花板性能的影响

压机闭合速度越快，板的最高密度层就越靠近板表面，表层、芯层的密度差值也越大。因此，这种板材的静曲强度高，但内结合强度较低。反之则导致板材静曲强度下降，内结合强度提高。如果闭合速度很慢，在闭合时间长于 30 s 时，将不仅明显降低静曲强度，而且会明显降低表面结合强度（表层胶预固化），从而影响表面装饰质量。闭合速度快，还能使板中心层达到 100 ℃ 的时间缩短，从而缩短热压时间。但是，闭合速度也不宜太快，太快的闭合速度会使大量的气流从热压机内横向冲出，带走板坯表面的细小刨花，甚至会使板坯边缘受到破坏。

7.5.3 板坯含水率对刨花板性能的影响

板坯中水分起着传递热量和软化木材的作用。因此，板坯中水分的变化影响热传递速度、最大压力值、闭合时间和热压时间等，从而影响板材的性能。简单地说，适当提高板坯表层含水率使表层刨花易于塑化，提高板子表层密度，同时也有利于热量传递，使芯层升温加快。这有利于提高静曲强度和缩短热压时间，而且又能保证一定的内结合强度。但是过多的表层水分会造成不利的影响，如导致芯层密度偏低、内结合强度达不到要求，甚至发生分层或鼓泡等现象。

7.5.4 最大压力对刨花板性能的影响

实践证明，最大压力与刨花板性能有着密切的关系。当最大压力较小时，压板达不到厚度规，而使板厚增加，造成板子厚度公差偏大。但其值过高时，又会让厚度规承受过高的压力，容易出现压板变形的危险。此外，最大压力的大小决定了压机闭合速度的快慢，从而影响到板材的剖面密度分布和表层胶黏剂的预固化程度，进而影响到刨花板的静曲强度、内结合强度和表面结合强度。

7.5.5 热压温度和热压时间对刨花板性能的影响

提高热压温度，可使刨花的塑性增强，压机闭合速度加快，板子静曲强度提高。同时，也有利于刨花板的甲醛释放量降低。但容易使板坯表层胶黏剂发生预固化，导致表面结合强度变差。

延长热压时间有利于提高刨花板的内结合强度和降低甲醛释放量，但对静曲强度影响不明显。

7.6 热压过程中容易出现的问题及产品质量缺陷

在生产过程中，由于原材料质量、操作水平及设备运行状况等各种原因，将使许多潜在的不利因素在热压过程中暴露出来，使产品产生各种缺陷。比较常见的有鼓泡、分层、翘曲变形、厚度不均、局部松软和表面压痕等。

7.6.1 鼓泡

鼓泡是指在热压机降压过程中，板内存在较高的蒸汽压力，当压力突然下降时，大量蒸汽陡然释放，破坏了刨花间的结合力。鼓泡发生时会伴有响声，多产生在板子的中部区域，板面上有凸起现象。鼓泡现象可发生在一处，也可能发生在多处，严重时能使板子的许多部位布满鼓泡。

产生鼓泡缺陷的主要原因是：板坯的含水率过高，降压速度太快等。

7.6.2 分层

板子分层是指板内出现大面积脱胶，形成一定的分离界限。分层多产生在板子的边角部，有时也会在板子中部形成。

分层的主要原因是：板坯含水率太高，热压温度偏低，加压时间过短，芯层胶固化不良，压力不足，胶黏剂的质量差，施胶量太少或施胶不均匀等。另外，刨花含水率太低和降压速度太快，也会使板子分层。

7.6.3 翘曲变形

翘曲变形是指板子的边部与中部不在同一水平面上，即出现边部翘、中间凹的现象。产生翘曲变形的主要原因是：铺装的板坯不对称，使板坯内对称层的刨花规格不一致，或铺装的板坯是对称的，但在运输过程中过于颠簸振动，使细小的刨花沉积于板坯的底层而成为非对称性结构，用这种板坯压制成板必然翘曲变形。铺装的板坯不均匀，制成的板子密度差异较大，产品的内应力大，也容易产生翘曲变形现象。另外热压工艺的不对称，也容易使产品翘曲变形，比如上、下压板温差较大，同一压板温度分布极不均匀，都容易使板内应力不均衡，从而导致产品翘曲变形。整个板坯内的含水率不均匀，甚至平整的板子贮存不合理，也可能出现不同程度的翘曲变形。

7.6.4 厚度不均

板子的厚度不均可表现为整体的或局部的。其主要原因是：垫层材料厚薄不均，热压机偏转，厚度规上粘有杂物或厚度规本身磨损，热压板刚度不够而在加压过程中变形等。

厚度不均的产品给饰面和使用将带来较大的麻烦，增大了砂光余量，原材料浪费大。

7.6.5 局部松软

板坯铺装不均匀或板坯运输过程中局部散塌,导致板坯内局部刨花量不足或胶接不牢而产生局部松软现象。严重时可能有刨花脱落现象。

7.6.6 表面压痕

由于生产过程中控制不严或设备本身的问题,可能使加工出的板子表面局部凹凸不平,这种缺陷即为表面压痕。

其产生的原因是多方面的,如铺装时落入大块木片或其他杂物、垫层不平或破损、垫层或热压板上粘有硬杂物等。

7.7 热压设备

刨花板的热压设备主要是指各种类型的热压机及其辅助装置。

刨花板热压机的类型很多。按工作方式可分为周期式热压机和连续式热压机,按层数可分为单层热压机和多层热压机,按加压方式可分为平压热压机、辊压加压机和挤压热压机,按机架结构又可分为立柱式热压机和框架式热压机。下面介绍几种目前刨花板生产中较常见的热压机。

7.7.1 周期式热压机

周期式热压机的特点是:板坯在加热和加压时是不动的,压机周期性地闭合、加压、卸压和张开。周期式热压机是刨花板工业应用最早和最多的热压机类型。这种压机的产量与板厚有关,生产厚板时产量高,生产薄板时则产量低。周期式热压机依层数又可分为单层加压机和多层热压机。

(1) 单层热压机

单层热压机是平压法热压机的一种。单层热压机的特点是:结构简单,无装卸板装置,可省去预压机,便于连续化和自动化控制,热压机可制成大幅面,从而可减少锯边损失,提高了木材利用率。

单层热压机一般由压机本体、液压系统、钢带运输系统和加热系统四大部分组成。其中,压机本体又由机架、工作油缸、回程油缸、活动横梁和热压板等部件组成(见图7-14)。这种热压机为上压式,通过工作油缸对板坯实施加压。热压机由闭合到张开状态,通过回程油缸实现。表7-2为HPOG6450NV型单层热压机的主要技术性能。

图7-15为有三条运输钢带的单层热压机生产线示意图。该生产线是由铺装机、预压机、横截锯、单层热压机和三条薄钢带输送装置等组成。板坯是在连续运动的薄钢带上由一个固定式铺装机连续铺装成型。然后,板坯通过金属探测器到一个线压的连续预压机。在成型输送带后面装有横截锯。当板坯传到输送带的长度相当于热压机长度时,横截锯动作,将板坯锯断。随后,被锯割下来的板坯加速前进并传送到热压机钢带,由钢带将板坯送入单层热压机内,停放在适当位置,进行热压。在完成热压工序之后,成板被送到热压机后边的辊筒输送机上。随即另一块板坯被送进单层热压机。

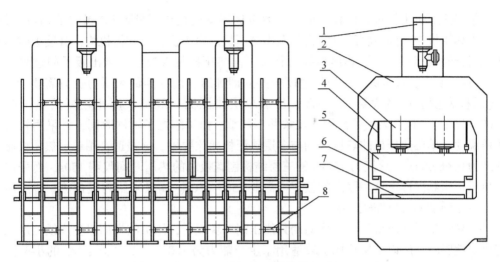

图 7-14 单层热压机结构组成
1. 充液阀 2. 机架 3. 工作油缸 4. 回程油缸 5. 活动横梁 6. 上压板 7. 下压板 8. 连接螺栓

表 7-2　HPOG6450NV 型单层热压机的主要技术性能

项目	单位	性能
总压力	t	6450
压板尺寸(长×宽×厚)	mm×mm×mm	2550×7445×90
压板最大间距	mm	250
板面压力	MPa	3.5
工作油缸数	个	16
工作油缸直径	mm	450
回程油缸数	个	8
回程油缸直径	mm	125
加热介质	—	导热油
热压板最高温度	℃	230
泵电动机功率	kW	37
年产量(以19mm板厚计)	m³/a	30000
总质量	t	275

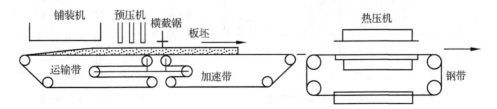

图 7-15 三条运输钢带的单层热压机生产线

单层热压机工作过程比较简单，一般由板坯输送装置（钢带或金属网带）直接将板坯送入热压机中，同时将压好的板子运出热压机。由于没有装卸板机构，其装板时间和压机闭合时间相对于多层热压机要短得多。向热压机装入板坯及卸出板子的过程仅需10～15s，板坯装入压机后压板快速闭合并立即加压，加压到最大压力也只需要15s左右（以板密度和厚度而定）。因此，虽然单层热压机一般都采用比较高的热压温度（200℃以上），板坯表层的预固化现象并不严重。由于缩短了辅助时间，并采用较高的热压温度，单层热压机的热压周期与多层热压机相比要短。据报道，用单层热压机压制密度为0.66g/cm³、厚度为16mm的三层结构刨花板总的热压时间仅需150s，而采用多层热压机压制同样密度和厚度的板子则需要250～350s。如果采用高频预热，单层热压机的热压周期还可以缩短50s。

但是，单层热压机每个工作周期只能压制一块板子，压机的幅面对生产线的产能起着决定性影响，所以单层热压机较适用于生产能力为1.0万～3.0万 m³/a 的小型刨花板生产线。近年来，单层热压机向大幅面的趋势发展。据报道，国外最大的单层压机有效幅面已达到了55m²，单线产能可达400～500m³/d。我国信阳木工机械责任有限公司也制造出了可以压制8′×48′（2.44m×14.64m）的大幅面单层热压机，可装备年生产能力为60000m³ 的刨花板生产线。压机幅面增大，可以提高产能，但板子幅面越大，热压时板坯中蒸汽的排出越困难。所以，对于大幅面热压机，板坯的含水率要控制在较低的水平上，一般要求板坯含水率在7%左右，否则比较容易发生鼓泡或分层现象。

（2）多层热压机

多层热压机也是平压法热压机的一种。多层热压机的特点是：生产效率高，厚度范围广，设备易于控制和调整。但与单层热压机相比，其结构复杂而庞大，必须配备装卸板系统，一般情况下还需配备预压机，且板子厚度公差大，热压周期长。多层热压机的产能，主要取决于热压机层数和幅面。

多层热压机系统一般由机体、装卸板机、液压系统、加热系统等组成，如图7-16所示。

热压机和装卸板机的工作过程为：在原始工作位置，热压机压板全部开启，装板机顶层位于同板坯输送机一致的水平面。当第一块板坯经输送机送入装板机时，装板机上升一层，如此每装一块上升一层，当每层均装上板坯后，装板机就将所有板坯一起送入热压机。然后热压机在油缸的作用下将热压板全部闭合，对板坯进行热压。在压机闭合的同时，装板机快速下降至初始位置，继续装上板坯。当热压结束时，压机开启，装板机刚好全部到位。装板机再次将板坯

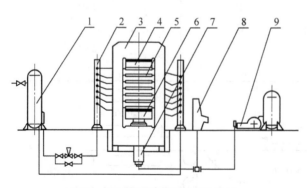

图7-16 多层热压机系统组成
1. 热源 2. 进排汽管道 3. 机架 4. 上横梁 5. 热压板
6. 下横梁 7. 液压油缸 8. 控制台 9. 液压系统

送入热压机,同时,将压好的板推出热压机(或在卸板机上采用特殊的方法将板拉出热压机),送入卸板机。热压机再次闭合,装板机快速下降,卸板机则向下一层一层地运动,卸出已压制好的毛板,以此周而复始地动作,形成连续自动化的生产。

为了使热压机中各层板坯热压条件一致,快速闭合时又不喷出板坯中的刨花,应采用同时闭合装置(见图 7-17)。闭合装置的另一个关键作用是补偿热压板间板坯的厚度变化。这种厚度变化如不能补偿,则将在相应热压板的支承装置中产生应力。这种应力通常可以利用油压装置补偿使之平衡。

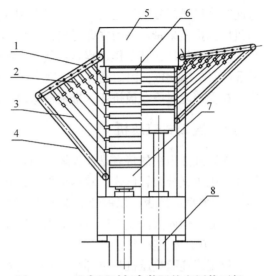

图 7-17　具有同时闭合装置的多层热压机
1. 摆杆　2. 补偿器　3. 拉杆　4. 推杆　5. 机架
6. 热压板　7. 下横梁　8. 液压油缸

多层热压机一般都配有装卸板机,可以一次将多张板坯同时送入压机,并将压制好的板子同时从热压机内拉出到卸板机上。从而大大提高了劳动生产率和产品质量。

装卸板机按装卸板的方式,可分为有垫板装卸板机和无垫板装卸板机。目前,有垫板的板坯输送和热压方式已基本淘汰。现在多层刨花板生产线通常都采用无垫板式装卸板机。

无垫板式装卸板机根据装板机结构型式又有推板机构和小车装板机构两种形式,其中有推板机构的装板机在刨花生产中应用最广泛(见图 7-18),它主要由机架、吊笼、吊笼升降机构、搁板、推板和推拉板机构成。在推板机构和装板机的每格上都有可移动的表面光滑的搁板,在搁板的端部有一个金属套环。装板顺序是隔一格装一块板坯,即吊笼下降时先装奇数层,然后吊笼上升时再装偶数层,这样可节省装板时间。待板坯全部装入吊笼,吊笼上升一格时,与推板器固定在一起的套环立杆正好卡进搁板套环内。当热压结束,压板张开后,推板器借套环立杆将搁板和板坯一次推入热压机内,搁板前

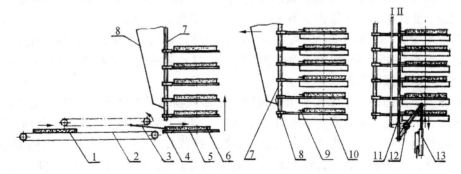

图 7-18　无垫板式装卸板机的装板和推板过程示意图
1. 板坯　2. 板坯输送带　3. 推杆　4. 搁板套环　5. 搁板　6. 板坯　7. 套环立杆
8. 推板器　9. 挡板　10. 压板　11. 挡板立杆　12. 转轴　13. 油缸

进同时将已压制好的刨花板顶出压机送到卸板机吊笼的各个间隔上。待板坯全部送入热压机后,推板架带着搁板立即退出,板坯则留于压板上。安装专门装置来防止推板器退出同时拉出板坯,其工作过程是:处于原始位置Ⅰ的挡板立杆在油缸的作用下前移到位置Ⅱ(见图7-18),固定在立杆上的挡板即挡住板坯端部。经预压的板坯有一定的强度,在受挡阻时不会被挤坏。推板器退出后重复下一装板过程。

7.7.2 连续式热压机

连续式热压机的特点是:板坯在加热和加压时是连续运动着的。根据压机结构,连续式热压机又分为辊压式、双钢带平压式和挤压式三类。辊压式主要生产厚度为 1.6~10mm 的薄型人造板,双钢带平压式可以生产厚度范围较大的板子;挤压式目前生产上已不多见,但此方法能生产特殊结构的刨花板,如空心刨花板等。

(1) 辊压式连续热压机

辊压式连续热压机是 20 世纪 70 年代发展起来的一种可以连续生产薄型刨花板的设备(见图7-19)。产品厚度一般为 1.6~6.0mm,刨花板的密度一般为 0.55~0.75g/cm³。

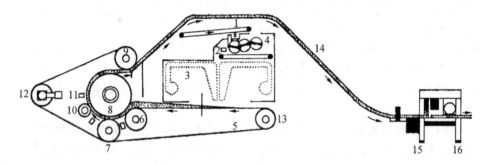

图7-19 辊压式连续热压机结构

1. 摆动式传输带 2. 同位素控制装置 3. 铺装机 4. 料仓 5. 钢带 6. 第一压辊 7. 第二压辊 8. 主压辊 9. 导向辊 10. 加压辊 11. 红外线石英加热器 12. 张紧辊 13. 冷却辊 14. 板带 15. 裁边锯 16. 横截锯

辊压式连续热压机的工艺特点是:板坯成型、预压、预热、热压、冷却等工序运行速度完全同步,因而单位长度的板坯工艺时间都一样。这类成套设备的优点是:①简单、配套、投资省;②制品长度不限,适合生产薄板;③厚度偏差小(可达0.15mm);④制品砂光量少;⑤制板的同时可进行贴纸、贴薄膜等二次加工;⑥物料消耗小,经济效益好。缺点是由于加压时两板面受热不均匀,容易造成板厚度方向上的剖面密度分布不对称,板材易翘曲变形。

辊压式生产的备料工序和平压式相同,但要求物料形态细小,目的是使产品密度高、强度大。产品不需要砂光。原料经过制备、湿料贮存、干燥、分选、精选、贮存、拌胶和加热等工序,然后进入气流式铺装系统,铺装成渐变结构的板坯,由钢带将其运至辊压系统。传送钢带和直径较大的热压辊对板坯加压,传送钢带从张紧轴下面绕过,张紧力约0.2MPa。钢带运转到辊压系统,由若干个红外线加热器在下边对钢带进行加热。加热器的辐射温度高达600℃,能使钢带温度升至120℃。整个加压系统中有三个辊需要加热,即主压辊、第一压辊和第二压辊。

板坯在第一压辊和主压辊之间完成初压。压辊由热油加热到180℃，热油在压辊内侧焊着的管道内循环流动。主热压辊的加热方式与压辊相同。热压辊面的温度约150℃。压辊对板坯的线压力为2700N/cm。加压板坯的两面的温度应尽可能一致。如果板坯两面的温度不等，会造成薄板向一面翘曲。

主压辊与另外压辊之间温度有30℃的差别，这一温度由两压辊之间的钢带吸收。在压辊和翻转辊之间，设有红外线石英加热器向钢带补充加热，保持钢带的温度不变。这能保证固化板坯时所需的均匀温度，而且可以防止钢带膨胀或收缩变形。导向辊的底部通过焊着管加热，其温度与主压辊传到板坯表面的温度相同。主压辊与导向辊对板坯的线压力为3500N/cm，这也是板坯固化的最大压力。实际上，导向辊所加的压力并没有这么大，而是通过张紧辊的作用、钢带的张力增加导向辊的线压强度。加到钢带上压力的大小取决于钢带的张紧度，生产的板厚不同，张紧度也不同。主压辊与第一压辊之间的间隙要调整到比成品厚度小0.5mm。钢带运转到加压辊时，红外线加热器仍然保持钢带的温度不变，加压辊是两个不加热辊，其直径为800mm，用于完成对板加压，防止回弹，并对板的厚度作最后调整。板坯连续通过主压辊时，树脂逐渐固化。当板坯通过压辊后，刨花板已基本固化完成。这时，钢带的张力仍对板子施加压力，而红外线加热就不必要了。经热压的板带通过导向辊送出热压系统，从铺装机上方越过，离开辊压系统时板温度约为110℃，在输送过程中得到冷却。板带被输送到裁边锯断装置处，先裁齐两边，然后按需要截断，成为一张规格尺寸的刨花板。

钢带绕压辊转动时的温度为140～150℃。为了防止板坯进入压辊时胶黏剂提前固化，在通过铺装系统铺装新板坯前，钢带温度必须冷却至65～70℃。钢带通过导向辊转向铺装系统时，温度大约下降至110℃。回空过程中，钢带温度继续缓慢下降。在冷却辊内通有冷却介质，钢带通过该辊后，温度可再降低25～30℃。在铺装过程中，钢带继续冷却，直至进入压辊为止。

这种辊压机的生产速度一般为7～15m/min，日产量70～150m³。

(2) 连续式双钢带热压机

连续式双钢带热压机是目前最新型的连续式热压机（见图7-20）。其优点是：单机产量大，产品厚度灵活，既能生产厚板，也能生产薄板；板面质量好，砂光量小，厚度公差仅±(0.10～0.15)mm；锯边损失小；能耗低。但该类型热压机价格昂贵，一次性投资比较大，适用于大中型刨花板厂。

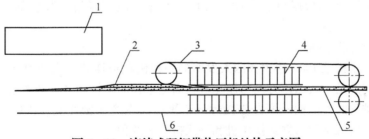

图7-20　连续式双钢带热压机结构示意图
1. 铺装机　2. 板坯　3. 上钢带　4. 油缸　5. 板带　6. 下钢带

连续式双钢带热压机由加热系统、传动系统、加压系统和监控系统四部分组成。加热系统主要由介质加热系统、热介质循环系统、热压板和温度控制装置等组成,用来实现对板坯加热。

传动系统主要由主动辊、从动辊、无端钢带、链毯(滚链)、驱动装置、辅助装置等组成,用来实现板坯在热压机内受热受压的同时向前运动。热压机上的链毯是一个绕过热压板,前后端首尾相接的环形链,安装在热压板与钢带之间,起着传递热量、压力和辅助传动的作用。由于链毯的存在,减少了钢带与热压板之间的磨损,也降低了钢带运动的阻力。图7-21和图7-22分别为连续式双钢带热压机的进、出板端的示意图。

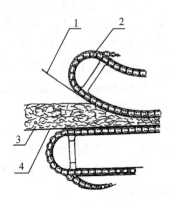 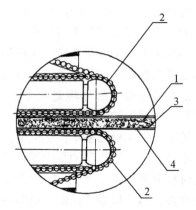

图7-21 连续式双钢带热压机进板端
1. 上钢带 2. 滚链 3. 板坯 4. 下钢带

图7-22 连续式双钢带热压机出板端
1. 上钢带 2. 滚链 3. 刨花板 4. 下钢带

加压系统主要由机架、油缸、液压系统、热压板、厚度控制系统等组成,用来对板坯提供压力。

工作时,板坯直接铺装在下钢带上,当板坯进入上下钢带之间时,热压过程开始。由于连续压机的每个框架的开档都能够在允许的范围内进行任意调整,因此,在整个压机长度方向上可以根据生产工艺要求来调整各框架间压板的间隙,从而在板坯运动中实现升压、保压和降压过程。另外,其加热系统也是沿热压机长度方向分成若干段,各段的温度可根据工艺要求独立控制。这样,在不同的热压阶段分别施加不同的温度和压力,可获得理想的热压条件。

连续式压机的整个热压时间是由热压机的长度和钢带运行速度所决定的,而钢带运行速度则取决于刨花板厚度、密度、板坯含水率、热压温度、胶黏剂的固化时间等因素。

(3) 连续式挤压机

连续式挤压机是1948年由德国人发明的一种刨花板连续化生产设备,与平压法连续压机所不同的是,其加压方向与刨花板板面是平行的。挤压法生产的刨花板其刨花是垂直于板面排列的,因而其弯曲强度远低于平压法生产的刨花板。依压板安装方向不同,连续式挤压机又分为立式挤压机和卧式挤压机两种。

①立式挤压机:主要由热板、传动机构、冲头和铺装槽等装置组成,如图7-23所示。其特点是热压板垂直于水平面,冲头在垂直方向上做往复运动。齿轮一般由曲柄连

杆装置带动，主要部分是装着两个飞轮的曲轴，在曲轴的两端装有偏心轴。曲轴由两根连杆带动，冲头可以更换，冲头和加热槽壁的位置可通过楔形导向装置调整。楔形导向装置的反向移动（由调节螺钉调节）使冲头作平面移动。冲头是生铁做的，厚度较相应的垫条小2mm。

图7-24所示为立式挤压刨花板生产工艺流程图。拌过胶的定量刨花流入铺装槽内，在传动机构带动下，冲头将刨花不断地挤进具有一定开档的两块热板内。在冲头的作用下，热板内的刨花不断向下移动，同时其中的胶黏剂在热量的作用下开始固化，待从热板另一端出来时固化基本完成，从而形成连续的板带。然后由位于挤压机末端的横截锯将板带锯截成预定长度的板子。

生产不同厚度刨花板时，用不同厚度的垫板控制热压板的间距。热压板厚45mm，温度（180±5）℃，内部

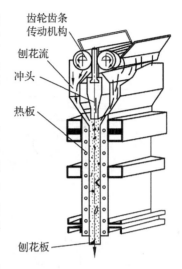

图7-23 立式挤压机结构

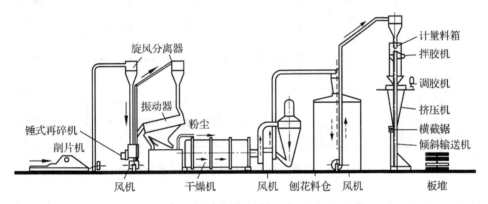

图7-24 立式挤压刨花板生产工艺流程图

有传热介质沿水平和垂直管道循环。为了减少热压板的磨损，在其表面铺有厚度为4mm的镀铬板。生产空心刨花板时，在铺装槽内插入装管子的装置，管子的直径和数量由产品结构决定。

②卧式挤压机：主要由传动机构、冲头、铺料装置和热板等组成，如图7-25所示。其特点是热压板平行于水平面，冲头在水平方向上做往复运动，出料段也成水平状态。图7-26所示为卧式挤压机生产刨花板的工艺流程图。

该系统利用工厂废料为原料，通过废料输送带送到锤式再碎机中，再碎后由气流输送到顶部的收集器中，在此落入三层筛中进行分选，筛出大于6.4mm以上的不合格碎片，由气流输送回再碎机再碎，适用的刨花（通常为1.6~6.4mm）送到刨花料仓待用。小于1.6mm的碎料落入细料分选筛，从细料中分离出尘屑；控制一定的细料量送到同一刨花料仓中，作为正常的刨花用。如果细料出现过剩，多余的部分可以送到锅炉房。刨花料仓中合格的刨花利用螺旋输送机送至气流输送装置，由此输送到收集器。刨花从

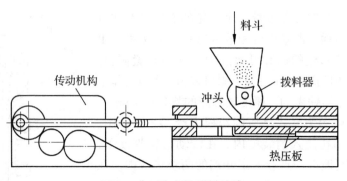

图 7-25 卧式挤压机结构

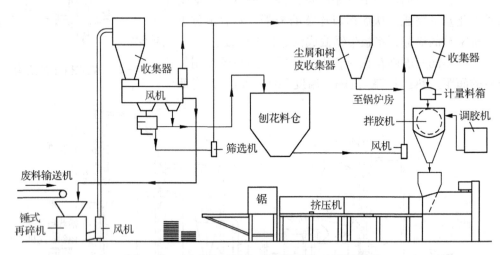

图 7-26 卧式挤压机生产刨花板的工艺流程图

收集器进入质量计量料箱中自动计量,然后落入转子式拌胶机中。液态胶黏剂经计量后自动地喷入拌胶机中,拌胶周期结束,拌好的刨花落入位于挤压机进料端往复冲头上面的料斗中。在冲头每次返回行程时,拌胶刨花借助拨料器重力进给落入冲程室内。冲头处于向前行程时,将刨花挤进加热压板间,重复上述动作,就形成了连续板带,并推向挤压机的出板端,由位于挤压机后端的自动横截锯截成预定长度的板子。锯截后的板子,落在滚筒输送机上。下一块板落在上一块板的上面,形成板堆。最后由一操作者将板堆移到输送机上,送往仓库。

卧式挤压机的上下热压板一般做成三段。第一段(即第一热压板)为初期固化;第二段(第二热压板)为放汽段,即中期固化;第三段(第三热压板)为定型段,即后期固化。卧式挤压机生产 16mm、19mm 和 20mm 刨花板的工艺条件如下:

热压板温度:第一热压板 165~175℃,第二热压板不低于 160℃,第三热压板不低于 160℃;

冲程:152mm;

频率:70~120 次/min;

拨料器转速：100r/min。

挤压机的产量变化幅度较大，主要取决于往复冲头的冲程和频率。为了适应不同厚度的板子，冲头的冲程长度可以调节。另外，还可以利用适当装置在同一台挤压机上生产出不同宽度的刨花板。

7.8　高频加热和喷蒸热压

常规的热压机，采用的是接触加热方法。这种传统的加热方式，传热速度慢，板坯芯层温度上升需要一个较长的过程，造成板坯表层、芯层温差较大，使板坯内含水率分布和胶黏剂固化程度不均衡。采用高频加热和喷蒸热压的方法，不仅能较好地改善这种状况，而且还能提高热压机的生产效率。

7.8.1　高频加热

刨花板生产中采用的高频加热，属于高频介质加热。是在高频电场（电压 1～20kV，频率 10～15MHz）的作用下，通过板坯内部的介质材料自身产生热量来加热板坯。高频加热的过程，实质上是将电场能转化为热能的过程。

(1) 高频加热机理

图 7-27 所示为高频加热的原理图。板坯中的介质材料都是极性分子组成的，若板坯置于电场之中，在电场的作用下，极性分子将定向排列。当施加一高频交变电压时，极性分子将随电场方向的改变而不断变化排列方向，每秒达数百万次甚至千万次，在这样急剧的变化中，分子间剧烈摩擦，由此而产生大量热能，使板坯温度上升，自身加热。应该指出，在高频电场的作用下，小分子介质材料的整个分子都在转动，而大分子只是扭转。

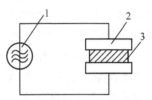

图 7-27　高频加热原理图
1. 高频发生器　2. 极板　3. 板坯

高频加热效果与电压、频率及损耗因数有关。损耗因数即介质材料的物理性能。它表明了介质材料被高频加热的难易程度，损耗因数大，高频加热效果好。不同树种的木材损耗因数不同。胶黏剂的损耗因数大于木材，因此，高频加热时，胶层加热比木材快。水的损耗因数大于木材损耗因数，则含水率高的木材高频加热效果好。但大量水分会吸收太多热量，将使胶黏剂固化受到影响。为此，一般认为板坯含水率以 8%～13% 为好。电压升高、频率增大，高频加热效果提高。在生产中一般不调频率，而是通过调整电压来改变高频发生器的工作状况，因为这样调整方便。

(2) 高频加热的特点

①加热均匀、速度快、容易控制。通电后板坯内外同时迅速加热，不存在热量传导过程。断电后加热立即停止。

②有选择性加热。含水率高的地方产生的热量多，含水率低的地方产生的热量少，高频加热能使含水率不均的板坯取得均匀的含水率和趋于一致的温度，表、芯层胶黏剂的固化速度一致，成品的变形也较小。

③能提高产品质量和产量。运用高频加热工艺，板坯内外温度一起上升，且上升迅速，板芯层的胶黏剂能在预定的热压时间内完全固化，从而提高了胶合质量。由于板坯芯层的温度上升很快，从而缩短了热压时间，提高了生产率。采用高频加热，热压时间仅为热压板接触加热的 1/3~1/2。板坯越厚，高频加热的效果越明显。

高频加热也有许多不尽如人意的地方，如电能消耗量大，且电热转化效率低，只有 50% 的电能作有用功。高频系统需要良好的屏蔽安全措施，以保护操作人员和其他电子设备的安全。

(3) 高频加热在刨花板生产中的应用

①板坯高频预热：在热压前，运用高频加热技术，将板坯预热至 70~80℃，以缩短热压时间和提高产品质量。高频预热有间歇式和连续式两种。预热时间一般为 5s。间歇式预热可以同预压同时进行，只要将平板式预压机的压板作为高频电场的极板，就可以同时完成板坯预压和预热工作。当然，高频预热还要解决好绝缘和屏蔽问题，而并不仅仅是简单的改装预压机。

②高频热压：指在热压时，运用高频加热技术，将板坯压制成板子。这时，仅用高频电场能转化为热能，而不用采取其他加热措施。

在生产中，一般不单独采用高频热压的方法。原因是单独采用高频热压时，由于压板是凉的，板坯表面与冷的压板接触而影响了温度的升高，使得板坯表面的胶黏剂固化所需的热量不足。同时，在加热过程中板坯内产生的热量将移向压板，水蒸气凝结于较凉的压板表面，使板坯表层又湿又软，影响了板面质量和板子的静曲强度。压板表面也会因此而生锈，使板子表面上出现斑点。另外，高频加热电能消耗量大，且只有 50% 的电能有效用于加热介质，这也限制了高频热压的单独应用。

③高频-接触联合热压：是高频加热和接触加热技术的综合运用。高频加热能使板芯层温度迅速升高，接触加热则可以使板坯表层具有较高的温度，二者互相弥补，内外温度一致，水分分布均匀，胶黏剂在预定的时间内充分固化，可使热压时间大大缩短，在较短的时间内压制出高质量的板子。图 7-28 为单层热压机和多层热压机与高频发生器连接示意图。

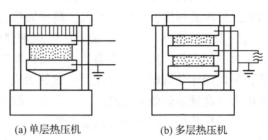

图 7-28 热压机与高频发生器连接示意图

7.8.2 喷蒸热压

喷蒸热压是近年来开发的一种热压新技术。它是在热压机闭合且板坯被压缩到一定程度后，通过热压板向板坯内喷射高温高压水蒸气，以迅速提高板坯整体的温度。

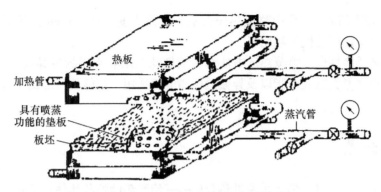

图 7-29 喷蒸热压机结构示意图

采用喷蒸热压法的热压机(见图 7-29),热压板的表面上钻有直径 3mm 左右的蒸汽喷射孔,为防止细小刨花或纤维堵塞喷射孔,热压板上垫有防腐蚀、防氧化的金属网垫,网垫的边部用橡皮密封,以防止蒸汽泄漏。喷射蒸汽可以是单面,也可以是双面,采用双面同时喷射蒸汽的效果更好。蒸汽喷射的时间很短,压制刨花板时只需持续 3~10s,如生产 40mm 以下厚度的板子时,只需喷蒸 3s 即可达到较理想的效果。其既能使加热时间大大缩短,同时又不会使板坯含水率增加很多。

蒸汽压力的高低一般依胶种而定,采用脲醛树脂胶时,蒸汽压力通常为 0.4~0.6MPa,相应的温度为 140℃左右。

喷蒸的操作程序是:装板坯—热压机闭合—板坯压缩至一定厚度—喷射蒸汽—真空抽吸—继续将板坯压缩到规定厚度直至热压结束。

喷蒸热压的特点如下:

①生产效率高。热压时间比常规的接触式加热时间短,仅为接触式加热时间的 1/10~1/5。

②能量消耗小。由于热介质直接加热板坯,其热量消耗仅为常规热压方法的 30% 左右。由于板坯表层、芯层温度迅速提高,木材的塑性好,采用的压力较低,一般为 1.5~2.5MPa,且作用时间短。因此,液压系统消耗的电能也大大减小,仅为同等产量常规热压机的 1/10 左右。

③产品质量高,性能好。喷蒸热压时,板坯表层、芯层温度几乎同时提高,内外温差小,从而使成品的剖面密度梯度明显减小,如图 7-30 所示。

④产品砂光量小。板坯表层温度较低(不超过 140℃),比常规热压法的表层温度(最高达 180℃左右)低得多,且板坯被压实得快。因此,能防止板面胶黏剂发生预固化现象,从而减小了砂光余量,降低了产品成本。

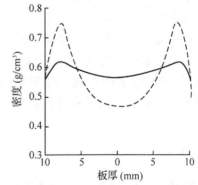

图 7-30 两种加热方式的剖面密度分布比较
—— 喷蒸热压　--- 接触热压

⑤产品厚度范围大。采用喷蒸热压方法,成品厚度可达 100mm,甚至更大。板子厚度越大,喷蒸热压的优势越明显。

⑥胶黏剂适应性广。喷蒸热压方法对目前刨花板工业常用的胶黏剂,如脲醛树脂、酚醛树脂、三聚氰胺脲醛树脂以及异氰酸树脂等都适用,还能使产品的甲醛释放量大为降低。

7.9 热介质

常规热压机热压时,热量是通过热介质——传导热能的载热体传给热压板的。热压机采用的热介质有饱和蒸汽、高温热水、热油等。

7.9.1 饱和蒸汽

饱和蒸汽由蒸汽锅炉产生,通过管道送至热压机,其温度随蒸汽压力的变化而变化,温度可以达到 180~190℃。但由于饱和蒸汽的热容量较小,进入热压板的饱和蒸汽,在热压板的蒸汽出口处往往变成了冷凝水。因此,用饱和蒸汽加热的热压板,板面温度往往不够均匀,有时温差还比较大。采用大幅面热压机时,这一缺点更明显。压板的温差大,热压时板坯受热不均匀,制成的板子内应力大,容易发生翘曲变形。

7.9.2 高温热水

高温热水可以由热水锅炉直接产生,也可以用饱和蒸汽加热水来得到。后者是先将蒸汽锅炉产生的饱和蒸汽送到热交换器内,在热交换器内将低温水加热成高温热水,再通过热水循环系统送到热压板中。高温热水的温度可达 206~208℃,或者更高一些。高温热水的热容量较大,因此,它相对于蒸汽加热,热压板温度比较均匀稳定。

7.9.3 热油

刨花板热压需要较高的温度,用饱和蒸汽和高温热水作热介质,由于其温度和压力是对应的,因此,热介质的压力比较高(1.3~2.5MPa)。为防止泄漏,输送及供热系统必须有良好的密封。若想再提高温度,须对设备规格及材料性能提出更高的要求。即使做到了这一点,热压板的温度分布也不够理想。热油加热则可以很好地解决这一矛盾,热油加热可使热压板温度达到 260℃,甚至更高,而热油系统的压力仅有 0.3MPa 左右,易于密封。另外,热油的热容量很大,能使热压板的温度更均匀稳定。目前,我国大多数新建的刨花板生产线都采用了热油作为加热介质。

本章小结

刨花板热压是刨花板生产中最重要的工序之一,对产品的物理力学性能起着重要的决定作用。热压过程是一个复杂的物理化学变化过程,伴随着热量传递、含水率变化及重新分布以及胶黏剂固化反应等。了解热压温度、热压压力和热压时间的作用以及三者的相互关系,对于正确选择热压工艺和热压曲线具有重要的意义。原料树种、板坯含水率及其分布、热压温度、压力、时间以及闭合速度等因素都会对刨花板性能和生产效率产生影响,掌握不好甚至会造成缺陷。刨花板热压设备主要有周期式热压机和连续式热压机两大类,目前生产上常用多层热压机和双刚带连续平压机。热压机采用的热介质有蒸汽、高温热水和热油,其中热油是现代化刨花板生产中应用最广泛的热介质。热压过程中配合高频和喷蒸装置可显著提高热压机的生产效率。

思 考 题

1. 什么是热压三要素?它们各有什么作用?
2. 画出常见的热压曲线。
3. 热压过程中,影响刨花板性能的因素有哪些?
4. 试分析刨花板剖面密度形成的原因,并画出剖面密度分布曲线。
5. 试分析刨花板表面预固化层产生的原因,并指出避免或减少预固化层的措施。
6. 刨花板热压的设备有哪些?试述单层热压机、多层热压机和双钢带连续平压机的工作原理,并比较它们的优缺点。
7. 热压机的热介质有哪些?各有什么特点?

第 8 章

后期处理

从热压机出来的板材尚不是最终的刨花板产品，还需要经过一系列的后期加工和处理，以达到相应标准对其外观、规格尺寸、表面质量以及其他性能指标的要求。本章介绍了刨花板后期加工和处理的目的、工艺与设备。刨花板的后期加工主要包括冷却、裁边和砂光，后期处理主要包括调质处理、降低甲醛释放量处理等。

刨花板热压后，其基本物理力学特性已经形成，但其尺寸规格和表面质量均不符合标准要求，需要进一步加工处理。此外，通过一定的后期处理措施还可以提高刨花板的尺寸稳定性，降低其游离甲醛释放量，提高其阻燃防火性能等。

8.1 冷却

8.1.1 冷却的目的

刨花板在热压机中完成热压后，从高温场进入常温场，板材本身内外部的状态存在着比较大的差异。此时刨花板的表层温度为 160~200℃，芯层温度为 105~145℃，表层含水率为 2%~3%，芯层含水率为 6%~7%；表层胶黏剂固化程度优于芯层。这些差异使板材内部存在着非均匀分布的应力，容易造成板材发生翘曲变形。此外，过高的残余温度还会引起板材表面色泽加深，促使胶层和木材降解，影响板材的力学性能。借助冷却处理，可以使上述矛盾得到缓解。在现代刨花板生产中，冷却是板材完成热压后必须进行的工序之一。

冷却的目的为：钝化板材表芯层的温度梯度和含水率梯度，降低乃至消除板内残余的热压应力，使板材内部的温湿度与其所处大气环境的温湿度趋于平衡，有效地避免板材翘曲变形。此外，冷却还有利于降低板材的游离甲醛释放量。

8.1.2 冷却方法

冷却的方式包括堆放冷却和散置冷却两类，前者已逐步被淘汰，后者在刨花板生产上广泛采用。

(1) 堆放冷却

基本做法为板材离开压机后，立即进行堆垛，然后由其自然降温。这种方法尽管最终可以达到降低温度和平衡含水率的目的，对采用酚醛树脂胶的板材来说，甚至可能促进胶黏剂进一步固化，但其处理时间过长，过高的温度和湿度作用有可能使固化后的胶层发生水解，降低胶合强度，导致板面颜色变深。目前，以脲醛树脂为胶黏剂的刨花板生产厂，均不再采用堆放冷却。

(2) 散置冷却

现代化刨花板生产中广泛采用的冷却方法为散置冷却，常见装置为轮式翻板冷却运输机(又称扇形冷却机、星形冷却架)。这种冷却方式可以使板材有足够时间散置在大气中，最终实现板材表芯层温湿度的平衡。散置冷却一般采用自然降温，在炎热的夏季，有的工厂也采用强制降温。

轮式翻板冷却运输机的主体结构为可转动360°的摇臂扇架，前后有滚筒运输机，每输入一块板材，扇架转动$(360/n)°$，即转动一格，n为转架可放置的板材块数。每转动一格，就有一块完成冷却的板材被运送到出料滚筒运输机上(见图8-1)。

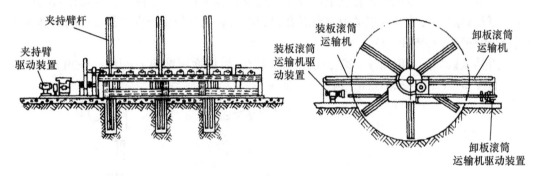

图8-1 轮式翻板冷却运输机结构示意图

8.2 裁边

8.2.1 裁边的目的

热压后的板为毛边板，裁边(又称齐边)的目的在于将板材四个边的疏松部分去除，使板材长宽尺寸达到国家标准的几何和尺寸公差要求。通常刨花板的裁边余量为40~60mm。

8.2.2 裁边的要求

裁边时，必须保证板材长宽对边平行，四角呈直角。国家标准中对刨花板的几何公差列出了一系列内容并给出了允许值，见表8-1和表8-2。

表8-1 刨花板对角线之差允许值

板长度(mm)	允许值(mm)
≤1220	≤3
1220~1830	≤4
1830~2440	≤5
≥2440	≤6

表 8-2 刨花板尺寸公差

项　目		单　位	指　标
尺寸偏差	板内和板间厚度(砂光板)	mm	±0.3
	板内和板间厚度(未砂光板)		-0.1, +1.9
	长度和宽度		0~5
板边缘不直度偏差		mm/m	1.0
翘曲度		%	≤1.0

8.2.3 裁边设备

裁边质量的优劣在很大程度上取决于裁边设备和切割刀具。除了必须保持刀具锋利外，更重要的是要选择合理的刀具材料和刀刃参数。刨花板生产中，常见切割刀具为硬质合金圆锯片(见图 8-2)。

刀具参数如下：前角 $\gamma = 20°$，后角 $\alpha = 15°$，后齿面斜磨角 $\zeta = 10°$，楔角 $\beta = 55°$，锯片直径 $\phi = (250 \sim 300)$ mm，齿数 $Z = 50 \sim 72$。

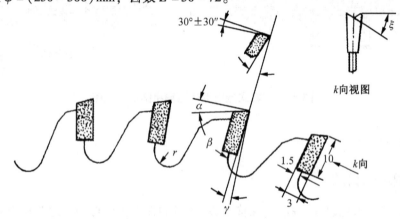

图 8-2 镶硬质合金的圆锯片

刨花板生产中常见的裁边机配置分为以下三种方式。

(1) 纵横联合裁边机

由纵向裁边机、横向裁边机和运输机布置成直角的联合裁边机，这种配置方式主要用于单块 1.3m×2.5m 幅面板材的纵横裁边(见图 8-3)。

(2) 裁边-剖分联合裁边机

现代人造板生产中，常常采用特殊幅面的压机，比如板宽为 2.44m 或板长度成 1.22m 倍数的超宽或超长压机，裁边与整板剖分是同时进行的。如使用 1.3m×17.3m 的超长单层压机，裁边时一次可剖分七块 1.22m×2.44m 幅面板材；使用 2.6m 宽幅压机的制板生产线，也需要借助裁边-剖分联合裁边机将大幅面毛边板分割成标准幅面板材。根据供需协议，如果需生产非标准幅面的板材，也可通过调整剖分机构的有关参数来实现。

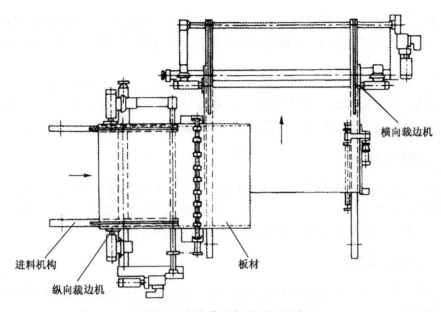

图 8-3 纵横联合裁边机结构

(3) 纵向固定齐边横向移动式剖分机组

这种结构形式主要适用于连续式热压机。在用连续式压机热压时,板材呈带状连续运行,板材宽度尺寸可以用一组固定锯片确定。板材的长度尺寸通过横向切割机来确定。为保证切割后的板材为矩形,剖分装置采用切割刀具移动方式(见图 8-4)。在大多数连续式压机生产线上,制造薄板时板带输出速度较快,常常安装有两台移动式剖分切割机。

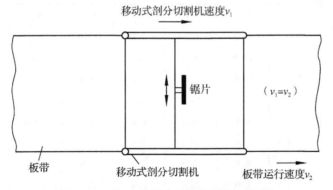

图 8-4 移动式剖分切割机原理示意图

8.3 砂光

8.3.1 砂光的目的

齐边后的刨花板,需要进行砂光处理。砂光的主要目的如下:

①去除表面预固化疏松层：采用常规的热压方式，刨花板表层都会有不同程度的预固化层，该固化层的材质疏松，影响到板材的表面结合强度，不利于板材的贴面加工，必须加以去除。

②满足厚度公差要求：现行国家标准对刨花板的厚度公差要求为±0.3mm。

③提高表面质量等级：由于各种原因，热压后的刨花板表面残留下胶斑、局部夹杂物等缺陷，需要借助砂光去除，以提高产品的表观质量等级。

8.3.2 砂光准备

在工业化生产中，热压后的板材齐边冷却后，一般应堆放平衡一段时间再进行砂光。因为板材虽然经过了冷却处理，但温度依然较高，如果直接进行砂光，将会导致表面粗糙，同时还会因砂带过热而导致砂带变松、砂粒脱落。

8.3.3 砂光余量确定

砂光余量因板厚、所用砂光方式不同而异。对采用不同类型热压机生产的刨花板，有着不同的砂光余量要求。刨花板的砂光余量通常控制在0.5~1.5mm。

表8-3给出了多层热压机、周期式单层热压机、钢带式连续热压机三种不同形式热压机制造的刨花板砂光余量及砂光损失。可以看出，钢带式连续热压机生产的板材厚度公差和表面预固化层最小，所要求的砂光余量也最小。

表8-3 三种热压机生产的不同厚度刨花板的砂光余量(双面)和砂光损失

成品板厚度(mm)	多层热压机			周期式单层热压机			钢带式连续热压机		
	要求的毛边板厚度(mm)	砂光余量(mm)	砂光损失(%)	要求的毛边板厚度(mm)	砂光余量(mm)	砂光损失(%)	要求的毛边板厚度(mm)	砂光余量(mm)	砂光损失(%)
4	5.0	1.0	25.0	5.0	0.8	25.0	4.5	0.5	12.5
6	7.0	1.0	16.7	6.8	0.8	13.3	6.5	0.5	8.3
8	9.1	1.1	13.8	8.9	0.9	11.3	8.5	0.5	6.3
10	11.2	1.2	12.0	11.0	1.0	10.0	10.5	0.5	5.0
13	14.2	1.2	9.2	14.0	1.0	7.7	13.6	0.6	4.6
16	17.3	1.3	8.1	17.2	1.2	7.5	16.6	0.6	3.8
19	20.4	1.4	7.4	20.3	1.3	6.8	19.6	0.6	3.2
22	23.5	1.5	6.8	23.3	1.3	5.9	22.7	0.7	3.2
25	26.5	1.5	6.0	26.4	1.4	5.6	25.7	0.7	2.8
30	31.5	1.5	5.0	31.4	1.4	4.7	30.8	0.8	2.7

8.3.4 砂光机

目前，刨花板工业生产中广泛采用宽带砂光机，其特点是工作面积大、散热好、进料速度高(可达到90m/min)、砂削量大(可超过0.5mm)、机床操作简便、砂带更换方便。砂削工作面为套在辊筒上的封闭循环砂带，用于刨花板粗砂、细砂和精砂的砂带粒度分别为40、80和100目/英寸。

图8-5所示为一台双砂架双面宽带砂光机，主要由机架、传动机构、进给机构、砂带架、刷尘辊和调整机构等组成。

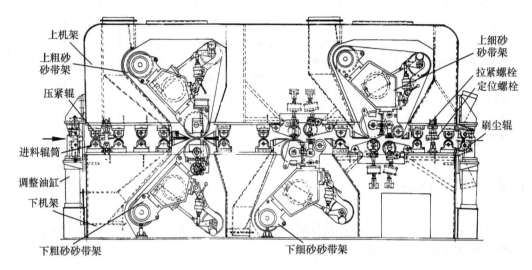

图8-5 四带式宽带砂光机结构

宽带砂光机一般成组配套使用。如"2+4"、"4+4"分别为一台两砂架或四砂架砂光机与另一台四砂架砂光机的串联，构成刨花板砂光系统。一般前面的砂光机完成定厚砂光，后面的砂光机则完成精砂。目前，在国内市场上进口砂光机主要来自瑞士Steinemann公司和意大利Imeas公司，国产砂光机以苏福马集团的BSG系列较多。表8-4给出了国产宽带式砂光机的型号及技术参数。

表8-4 国产宽带式砂光机型号及技术参数

技术参数	BSG2813	BSG2713	BSG2713Q	BSG2713A	BSG2913	BSG2613	BSG2113
砂架数量	6	4	4	4	3	2	1
最大加工宽度(mm)	1300	1300	1300	1300	1300	1300	1300
工件厚度范围(mm)	3~200	3~200	3~200	3~200	3~200	3~200	2~120
一次砂削量(双面)(mm)	≤1.5	≤1.5	≤1.5	—	≤1.2	≤1.5	—
加工精度(mm)	±0.1	±0.1	±0.1	±0.1	±0.1	±0.1	±0.1
进料速度(m/min)	4~30	4~24	4~24	4~24	10~30	4~24	5~60
砂带长宽尺寸(mm)	2800×1350	2810×1350	2800×1350	2800×1350	2800×1350	2800×1350	2600×1350
电动机总功率(kW)	355.2	351	280.2	280.2	172.2	118.8	33.7
砂架总电动机功率(kW)	75×2 55×2 37×2	90×2 75×2	75×2 55×2	75×2 55×2	55×2 45×1	55×2 (75×2 45×2)	30

(续)

技术参数	BSG 2813	BSG 2713	BSG 2713Q	BSG 2713A	BSG 2913	BSG 2613	BSG 2113
吸尘风量(m³/h)	45 000	38 000	33 000	33 000	27 000	20 000	6000
压缩空气压力(MPa)	0.6	0.6	0.6	0.6	0.6	0.6	0.6
压缩空气耗量(N·m³/h)	~12	~9	~6	~6	~5	~4	~1.2
外形长宽高尺寸(mm)	4780× 3400× 2891	5610× 3300× 2786	4750× 3400× 2891	3627× 3400× 2891	3627× 3400× 2891	2310× 3400× 2891	2130× 1734× 2320
质量(kg)	29 500	39 000	27 000	22 500	20 500	13 500	5000
适用于人造板生产线规模(m³/h)	30 000~60 000	30 000~50 000	30 000~50 000	30 000~50 000	—	≤15 000	5000~15 000

8.4 调质处理

刨花板在热压以后，为改善其性能，往往需要进行一些理化处理。目前，在工业化生产中采用的理化处理主要为调质处理。

8.4.1 调质处理的目的

冷却后的刨花板含水率比较低，置于大气中时，会吸收大气中的水分，直至板内含水率与大气湿度相平衡。由于板内各部位吸湿不一定均匀，有可能导致板子翘曲变形。调质处理的目的在于促进板内含水率的均匀分布，提高板材的尺寸稳定性，增加板材的强度。调质处理的本质是促进板材表芯层含水率和平面内各部位含水率的均匀化。

8.4.2 调质处理方法

常用的调质处理方法有两种：

①自然堆放调质：该方法主要用于脲醛树脂胶产品。基本做法是将冷却后的板材堆垛，放置在保持一定温度的贮存区堆放。初始时板材表层含水率为2%~3%，芯层含水率为6%~7%，堆放2~3d后，板内三维方向的水分可以均匀分布，并与大气中的湿度相平衡。对于用酚醛树脂胶生产的产品来说，也有用下述做法进行处理的，即经热压的板材冷却后，在正反两面喷水，然后再将板材堆垛，持续2~3d。据此促使板内的水分均匀分布。

②处理室调质：该方法主要用于酚醛树脂胶产品。基本做法是将冷却后的板材放入温度为70~80℃，相对湿度为75%~90%的循环空气处理室内，一般持续5~6h(处理时间随着板材厚度增加而延长)，终了时板材的含水率达到7%~8%，如果要使吸入板内的水分实现均匀分布，尚需持续2~3d。进行调质处理时，应控制好板材的堆垛，要保持平整叠放、四角整齐，顶部放一平坦的重块，以防板材变形。作自然堆放调质处理时，热贮存区要避免日光照射、过分通风和潮湿等。

8.5 降低甲醛释放量处理

绝大多数的刨花板产品都是采用脲醛树脂胶生产的,热压后板材的甲醛释放量或散发量相对比较高。降低人造板的甲醛释放量已经成为一个关系到环境保护和人造板工业持续发展的重要课题。

迄今,降低人造板甲醛释放量的措施包括从胶黏剂入手、从制板工艺入手和从后期处理入手三条途径。这里介绍两种常用的后期处理方法。

8.5.1 氨处理

对于用氨基类树脂作为胶黏剂制成的刨花板来说,用氨对其进行后期处理可以显著地降低板材的甲醛释放量。在处理过程中,氨可以和被处理刨花板中的游离甲醛起化学反应生成六次甲基四胺(乌洛托品),这种方法可以有效地捕捉游离甲醛。氨和甲醛之间的反应过程按照下式进行:

$$6CH_2O + 4NH_3 \longrightarrow C_6H_{12}N_4 + 6H_2O$$

在反应过程中,氨还能够同刨花板中的游离酸反应,导致板的 pH 值发生变化,从较低值变为较高值。除此之外,氨处理方法还有可能提高树脂的抗水解能力。工业化生产中,通常采用 FD-EX 工艺和 RYAB 工艺来进行氨处理。

FD-EX 工艺是用前后串联的三个室对刨花板进行三级处理(见图 8-6)。在第一室(吸收室)内,刨花板在 35℃ 的气态氨中进行处理;在第二室(脱吸室)内,存在于板表面的氨经鼓风而脱吸;在第三室(固定室)内,使仍留在板内的游离氨和甲酸按照下式进行化学反应生产甲酸胺:

$$HCOOH + NH_3 \longrightarrow HCOONH_4$$

甲酸胺可以与氨基类树脂发生水解产生的甲醛相结合,借助于这种结合,可以增强氨处理对降低甲醛释放量的作用。实际效果取决于板材在吸收室内与氨接触的时间、板材的密度和厚度、板材处理前的甲醛释放量以及其他因素。FD-EX 工艺也可以只采用两级处理,即省掉固定室。

RYAB 工艺(见图 8-7)是另一种利用气态氨处理以降低刨花板甲醛释放量的方法。这种一级处理方法按下列程序进行:在被处理板材上方配置半合罩,在板材的下部也配

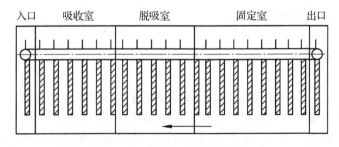

图 8-6 FD-EX 氨处理工艺

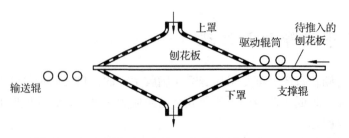

图 8-7　RYAB 氨处理工艺

置一个半合罩，氨或氨-空气混合体由入口进入板子上部，用真空泵在板子下部抽真空，真空度为 10 000~60 000Pa。借助真空作用，氨或氨-空气混合体为刨花板所吸收，未被吸收的氨在抽真空时被吸走。在持续一定时间以后，经完整处理的刨花板被输送出处理室，下一块待处理板进入处理室中。

RYAB 工艺可以是连续的，也可以是间歇的。用 RYAB 工艺处理刨花板，板材甲醛释放量的降低幅度取决于多方面的因素，如板材与氨接触的时间、板材的密度和处理前板材的甲醛释放量等。

为了确定用氨处理后的刨花板在贮放期间甲醛释放量的变化情况，曾有人就此问题进行了研究。用氨处理后的刨花板其甲醛释放量首先显著降低；历经一段时间以后，发现刨花板的甲醛释放能力在某种程度上稍有回升，但肯定低于其原来未处理时的水平，这就是所谓的回升滞后现象。经过氨处理后的刨花板贮放三个月以后，不同种类的板材其甲醛释放量降低率大约为 57%~71%。

8.5.2　尿素溶液处理法

用尿素溶液喷洒刨花板表面，也可以降低刨花板的甲醛释放量，具体操作方法如下：刨花板在堆放前，在热态下用尿素溶液喷洒板材表面，据此可使板材甲醛释放量降低 30%~50%。

尿素的作用有两个，一是可以和甲醛起化学反应，另一个是在水溶液下进行分解，尤其在酸性条件下形成氨离子，氨离子可以和甲醛起化学反应，生成六次甲基四胺。尿素溶液按下法配置：将 100g 尿素溶于 1L 水中，每平方米板面喷洒 400g 溶液。

有人还进行了用铵盐化合物溶液对刨花板进行喷洒处理，借以降低刨花板甲醛释放量的实验。结果表明，通过此项处理，可以使板材的甲醛释放量（穿孔值）从 25~30mg/100g 降低到 5~10mg/100g。

8.6　检验分等

经过冷却、裁边、砂光和调质等处理的刨花板，应根据表观质量、产品类型和尺寸规格，分别妥善包装，再入库贮存。包装上应显著标明产品名称、生产厂名、厂址、执行标准、商标、规格、张数，并附有盖有合格章的标签。不同类型的刨花板采用不同颜色的 25mm 宽色带进行标志。不同类型刨花板的颜色标志见表 8-5。

表 8-5　不同类型刨花板的颜色标志

刨花板类型	颜　色
普通刨花板	—
家具及室内装修用板	白，蓝
在干燥状态下使用的结构用板	黄，黄，蓝
在潮湿状态下使用的结构用板	黄，黄，绿
在干燥状态下使用的增强结构用板	黄，蓝
在潮湿状态下使用的增强结构用板	黄，绿

本章小结

热压后的板材为毛边板，不符合使用要求。需要经过一系列的后期加工和处理，才能达到相应标准对其外观、规格尺寸、表面质量以及其他性能指标的要求。冷却可使热压后的板材尽快与外界达到温湿度平衡；裁边可使板材达到符合要求的规格尺寸；砂光可使板材达到标准要求的厚度公差，并提高其表面质量；调质处理可使加工后的板材内部含水率进一步均匀一致，并与外界趋于平衡，提高其尺寸稳定性。降醛处理可以有效地降低刨花板的甲醛释放量。进行后期加工和处理后，刨花板经分等后包装入库。

思　考　题

1. 刨花板后期处理包括哪些必要的工序？
2. 为什么热压后的刨花板需要进行冷却处理？
3. 刨花板裁边有什么要求？有哪几种裁边方式？分别适合于哪种热压设备？
4. 刨花板砂光的目的是什么？常用的砂光设备是什么？有什么特点？
5. 刨花板调质处理有什么作用？
6. 简述刨花板降醛处理的方法。

第 9 章

均质刨花板

均质刨花板是在普通刨花板基础上发展起来的一个新的刨花板品种。本章概述了均质刨花板的国内外发展情况，在产品结构、生产工艺、物理力学性能和加工性能等方面与普通刨花板进行了比较，简述了均质刨花板的生产工艺过程。

9.1 概述

均质刨花板(homogenous particleboard)是以木材或非木质植物纤维为原料，将其加工成一定尺寸和形状的刨花，通过干燥、施胶、铺装和热压等工序制成的厚度方向上结构均匀、表面细致的一种刨花板。

均质刨花板是 20 世纪 90 年代初最早在欧洲出现的刨花板新板种，是在普通刨花板基础上发展起来的刨花板家族中的一个新成员，目前，已在丹麦、芬兰和瑞典等几个欧洲国家形成了一定的生产能力。我国在 2001 年由吉林森林工业股份有限公司投资建成了国内第一条年产 5 万 m^3 的均质刨花板生产线，其后又陆续从国外引进了三条大型均质刨花板生产线，同时也有部分刨花板企业在原有生产线的基础上经过技术改造，生产出了均质刨花板产品。另外，随着农作物秸秆人造板制造技术日益成熟，利用农作物秸秆制造均质刨花板也已成为人造板工业一个新的热点。

均质刨花板的力学性能优于普通刨花板，接近于中密度纤维板。它可以用于高档家具、强化木地板的制作等。均质刨花板可以进行各种型面加工，也可进行封边处理，这使得它用途非常广泛。生产均质刨花板比生产中密度纤维板的原料来源广，而且原料消耗、能源消耗、生产成本均低于中密度纤维板，这使得均质刨花板颇具生命力和广阔的市场发展前景。

9.2 均质刨花板与普通刨花板的比较

9.2.1 产品结构

普通刨花板一般以渐变结构为主，芯层刨花比较粗大，结构比较疏松，表层与芯层的密度差异较大，板材的整体结构不均匀，内结合强度较低，握钉力较差，型面加工质量差，这些都限制了普通刨花板的应用范围及产品档次。均质刨花板较好地克服了普通刨花板的这些弱点，通过对刨花制备工艺和铺装工艺的改进，降低了芯层刨花的厚度，减小了表层与芯层的密度差异，使表芯层的分层不明显，板面和板边质地更加细密，整个板材结构比较均匀，板材的再加工性能优越。

9.2.2 生产工艺

均质刨花板的生产过程基本上与普通刨花板相同，但工艺有所区别。二者的主要区别在以下两方面：

①刨花制备工艺：均质刨花板对刨花形态和均匀性的要求高于普通刨花板。因此，要选用合理的设备和技术参数，减小刨花厚度，使刨花细化和均匀化。

②铺装工艺：为保证均质刨花板厚度方向上的结构均匀性，板坯铺装时不分级不分层，应选用新型铺装机，如排辊式铺装机，调整相应的工艺参数，使刨花在铺装过程中不分层，保证板材厚度方向上结构的均匀一致。

9.2.3 物理力学性能

均质刨花板密度稍高、结构密实，板的力学性能尤其是表面和侧面再加工性能以及握螺钉力指标均明显优于普通刨花板（见表9-1）。

表9-1 均质刨花板与普通刨花板及中密度纤维板的性能对比

性能指标	普通刨花板（A类一等品）	木质均质刨花板	麦秸均质刨花板	中密度纤维板（特级）
密度（g/cm³）	0.50～0.85	0.65～0.85	0.70～0.80	0.70～0.80
静曲强度（MPa）	≥15.0	≥20	≥20	19.6～29.4
内结合强度（MPa）	≥0.35	0.6～0.8	≥0.6	0.49～0.62
垂直板面握螺钉力（N）	≥1100	≥1300	≥1300	1250～1450
吸水厚度膨胀率（%）	≤8	≤5	2～5	≤12

均质刨花板的力学性能基本接近中密度纤维板，其弯曲强度、内结合强度及握螺钉力均有所提高，吸水厚度膨胀率则有所降低，使得用均质刨花板制作的家具较之用普通刨花板制作的家具更加坚固牢靠，经久耐用。用均质刨花板作为基材生产的强化复合地板，其性能可以和中密度纤维板为基材的产品相媲美。

9.2.4 加工性能

与普通刨花板相比，均质刨花板的剖面密度分布更均匀，边部密实，结构细腻，因而板材的型面加工性能得到了较大提高。它可以像中密度纤维板一样，不仅可以进行各种贴面与封边处理，而且可以对其板面和板边进行各种型面加工，使家具造型更加富于变化，板材装饰效果更加多彩多姿。

9.3 均质刨花板的生产工艺

9.3.1 均质刨花板生产工艺流程

均质刨花板的生产可以通过改进现有的普通刨花板生产工艺来实现。其生产工艺流程如图9-1所示。

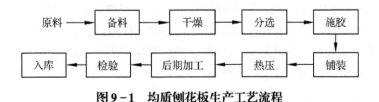

图9-1 均质刨花板生产工艺流程

9.3.2 均质刨花板生产工艺简述

①原料：生产均质刨花板的原料来源广泛，除以原木、小径材、枝丫材及胶合板车间的加工剩余物等作为原料外，也可用非木材植物(如麦秸、稻草、棉秆、蔗渣等)作为均质刨花板的生产原料。近年来，各种非木质原料在刨花板生产中的成功应用证明，非木质原料用于生产均质刨花板时，其性能与木质均质刨花板相当，甚至有些指标还优于木质均质刨花板。

②刨花制备：生产均质刨花板对木片和刨花的要求比普通刨花板高，要求生产出来的刨花要均匀，所以对备料工段要求甚高。一般可以采用削片—刨片工艺、长材刨片机刨片—再碎工艺或两种方案的组合工艺来制备刨花。具体备料工艺路线如图9-2所示，其中 L 为刨花长度，δ 为刨花厚度。

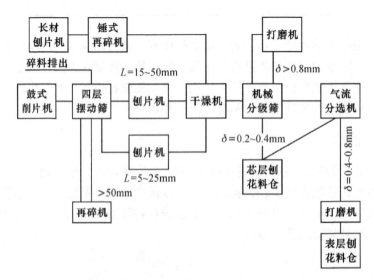

图9-2 均质刨花板备料工段的工艺路线

对木片的要求与普通刨花板相同，只要适合生产普通刨花板的木片，均可用于生产均质刨花板。比如，对于年产 50 000m³ 均质刨花板生产线，可配备规格 BX2113 以上的大型鼓式削片机。由于均质刨花板对刨花尺寸的均匀性要求较高，因此，首先必须确保进入环式刨片机的木片规格均匀，因而对筛分设备的要求较高，应采用高性能的木片筛。普通刨花板生产要求刨花的平均厚度为 0.6~0.8mm，而均质刨花板则要求刨花的平均厚度为 0.3~0.4mm。环式刨片机生产的刨花厚度一般为 0.4~0.7mm，需通过调节飞刀伸出量、刀门间隙等技术参数才能满足生产要求。此外，为了保证刨花厚度的均匀性，对刨花的筛分设备也提出了较高的要求，目前国内现有的均质刨花板生产线多采用国外进口的分级筛。

生产木质均质刨花板也可以使用长材刨片机生产的"长材刨花"，长材刨花厚度小且均匀，属于优质刨花。但长度和宽度比较大，须经锤式再碎机进一步加工后才能作为均质刨花板的原料。

③刨花干燥：生产均质刨花板对刨花干燥要求与生产普通刨花板相同。现有的转子式刨花干燥机可以满足工艺要求。干燥后刨花的含水率控制在 1%~1.5%。选择干燥机应从产能和节能两个方面考虑，生产干刨花的能力应满足生产线对干燥刨花的需求量。

④刨花分选：刨花筛选机应有三层筛网，可依据尺寸将刨花分成四种类型。生产均质刨花板时建议采用以下网孔直径的筛网——上网 4.0mm，中网 1.2mm，下网 0.3mm。大于上网孔径的刨花经打磨后返回筛选机重新筛分；通过上网而未通过中网的刨花送入气流分选机，经过二次分选，将厚度不合格的刨花送入打磨机再碎，合格刨花进入芯层刨花料仓；通过中网而未通过下网的刨花送入表层刨花料仓；通过下网的木粉排出生产线，送入能源工厂燃烧。除了传统的网筛之外，还可以选用目前较为先进的排辊式分级筛。

⑤刨花施胶：施胶设备与普通刨花板生产相同，可在环式拌胶机中进行，但施胶量应适当调整。生产普通木质刨花板时通常脲醛树脂胶的施胶量为表层刨花 11%、芯层刨花 8%，而均质刨花板的施胶量表层刨花应增加到 12%、芯层刨花增加到 10% 左右。施胶量准确数值应视生产实际而定。对于秸秆原料，若采用异氰酸酯胶，其施胶量表层为 6% 左右、芯层为 4.5%~5%。

⑥板坯铺装：生产均质刨花板要求板坯的芯层不出现渐变结构或分层结构，因此板坯铺装机的结构应相应有所变化，单纯的气流铺装机不能达到均质刨花板的结构要求，需要更换新型的铺装机，如分级式机械铺装机就具有良好的铺装效果。此外，刨花细化后，均质刨花板的密度比普通刨花板有所增加，因此对表、芯层刨花的需要量发生了变化，铺装料仓的下料量和铺装料仓计量带的工作速度应相应调整。

⑦热压：压制木质均质刨花板可以采用与普通刨花板相同的热压温度，但热压时间要相对延长，因为均质板的密度相对较高，板坯内空隙少，热压时蒸汽排出相对困难，为防止出现鼓泡、分层和爆板等现象，热压时间应相对延长。而采用装备柔性热压板的新一代单层压机或连续式平压机则能有效缩短热压周期，有利于提高生产能力。

采用异氰酸酯胶制造的秸秆均质板，其热压温度为 150~170℃，最高压力为 2.5~

3.0MPa，热压时间为 0.5~0.8min/mm。热压时，必须注意脱模问题。

⑧后期处理：完成热压后的板材经过冷却、裁边和砂光后，经检验合格后包装入库。

本章小结

均质刨花板是在普通刨花板基础上发展起来的一个新品种，力学性能优于普通刨花板，接近于中密度纤维板。均质刨花板的原料和生产过程与普通刨花板相同，但在产品结构、生产工艺、产品性能等方面存在较大差异。均质刨花板可以进行各种型面加工，也可进行封边处理，它可以用于高档家具、强化木地板的制作等。

思 考 题

1. 什么是均质刨花板？
2. 均质刨花板与普通刨花板有何不同？
3. 简述均质刨花板的生产工艺过程。

第 10 章

结构型刨花板

结构型刨花板包括华夫板、定向刨花板、定向刨花层积材等。本章阐述了上述几种结构型刨花板的分类、特点、生产工艺和物理力学性能,并对其用途分别作了介绍。

结构型刨花板,包括华夫板(waferboard)、定向刨花板(oriented strand board)、定向刨花层积材(oriented strand lumber)等,属于结构用木质复合材(structural wood composites)的范畴。结构用木质复合材是应用于建筑工程的所有复合木制产品的总称。结构型刨花板一般是以形态较大的刨花为原料制造的。这些由专用设备刨切得到的大刨花,施加胶黏剂后按照一定的方向排列或组合在一起,通过加热加压,制成板材、枋材或其他结构形状的材料。

结构型刨花板通常用室外防水型胶黏剂生产,强度高,尺寸稳定性好,安装后收缩变形较小。目前该类产品在国外已被广泛用作轻型木结构的内外墙板、屋面板、地板衬板、工字梁、木龙骨以及梁、柱等。

结构型刨花板的原料一般为小径级木材、速生材、间伐材甚至可以是有一定径级的枝丫材,利用这些木材原料制成的结构复合材可以在很大程度上替代实木锯材和结构胶合板,是实现木材资源小材大用、劣材优用和高效利用的重要途径。

10.1 华夫板

10.1.1 概述

华夫板又称大片刨花板,由英文名称 waferboard 音译而来。华夫板是由长度和宽度基本接近的方形大片刨花(wafer)经干燥、拌胶、铺装和热压而制成的一种结构板材(见图 10-1)。1961 年 9 月美国 Wizewood 有限公司采用俄勒岗州立大学克拉柯博士(James D. A. Clarke)的专利技术建成了世界上第一家华夫板厂,并于当年试车投产。

华夫板按其结构可分成三类:标准华夫板(WB)、表层定向华夫板(WBP)和定向华夫板(OWB),它们的特点见表 10-1。

由于制造华夫板需要方形的大片刨花,对原料要求较高,且有些速生树种制得的大片刨花在干燥时容易发生卷曲,造

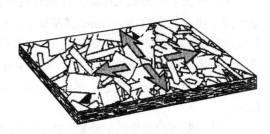

图 10-1 标准华夫板

表 10-1　华夫板的种类与特点

种类	特　点
标准华夫板（WB）	单层或三层结构，均用方形大片刨花制造。单层结构用尺寸均匀的大片刨花随意铺装。三层结构其表层用尺寸较大的大片刨花，芯层用尺寸较小的大片刨花，均采用随意铺装
表层定向华夫板（WBP）	三层结构：芯层用方形大片刨花，随意铺装；表层用窄长大刨花，沿板长方向定向铺装
定向华夫板（OWB）	三层结构：表芯层均采用窄长大刨花，表层大刨花沿板长定向铺装，芯层沿板宽方向定向铺装

成施胶不匀，影响产品质量，因此自 20 世纪 80 年代后该产品逐渐被定向刨花板（OSB）所替代。

10.1.2　生产工艺

(1) 原材料

①木材原料：制造华夫板的木材原料一般采用小径级速生树种木材或者人工林的间伐材，如马尾松、落叶松、樟子松、杉木、桦木、桉木以及杨木等。这些树种生长速度快，密度偏低，强度较差，一般不适合直接作为结构材使用，却是生产华夫板的好原料。为了得到符合工艺要求的大片刨花，木材原料的径级应在 50mm 以上。冰冻材或木材含水率低于 60% 时，生产前须置于 40~60℃ 温水池中浸泡，进行融冰处理或提高其含水率，以保证刨片质量。

②胶黏剂：华夫板属于结构工程类木质复合材料，需要选用耐水性和耐久（候）性好的胶黏剂，如酚醛树脂和异氰酸酯树脂胶黏剂。生产中一般采用酚醛树脂胶，有粉状和液态两种。国外华夫板生产中粉状和液态两种酚醛树脂均有采用，以粉状胶居多。国内企业则多采用液态酚醛树脂。

③添加剂：为提高华夫板的防水性能，生产中需要加入一定量的防水剂。石蜡是木质复合材料生产中最常用的防水剂，属于疏水性物质，可以降低板材的吸水性和吸湿性。使用时将石蜡乳化制成石蜡乳液，在施胶的同时喷施于大片刨花的表面。石蜡的添加量约为绝干刨花质量的 0.5%~1.5%。需要时，还可在刨花中加入阻燃剂、防霉剂和防腐剂，以提高华夫板的防火、防霉和耐腐性能。

(2) 生产工艺

生产华夫板关键的工序是大片刨花的制备，工业化生产中通常采用刨片机将小径级原木加工成长和宽约 40~70mm、厚 0.3~0.5mm 的方形宽平刨花。刨片机分为鼓式和盘式两种类型，盘式刨片机制得的刨片厚度均匀、规格整齐，质量好。为保证华夫板的质量，原木在刨片之前需先剥皮。大片刨花制备以后的工序主要包括干燥、筛选、施胶、板坯铺装、热压、裁边、锯割等。以标准华夫板为例，其生产工艺流程如图 10-2 所示。

刨片机制得的大片刨花经滚筒式干燥机进行干燥，表层刨花干燥至终含水率为 3%~5%，芯层刨花干燥至终含水率为 2%~3%。干燥后的表芯层大片刨花经筛选机去除细

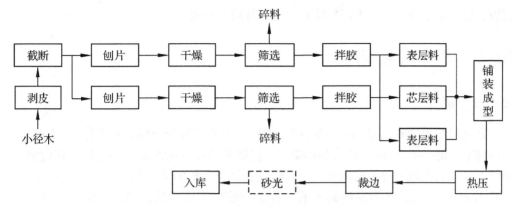

图 10-2 标准华夫板生产工艺流程

小的碎料后分别进行拌胶，根据需要，表、芯层刨花可以施加同一种胶黏剂，也可以采用不同的胶黏剂（如芯层用异氰酸酯胶，表层用酚醛树脂胶）。酚醛树脂施胶量为3%~5%，异氰酸酯施胶量为2%~3%。铺装好的板坯被送入热压机中进行热压，热压温度为180~210℃，热压时间每毫米板厚约24s。热压后的毛边板用裁边锯进行齐边，然后锯割成一定规格。成品板规格一般为1220mm×2440mm，或者2440mm×4880mm。通常情况下华夫板不需要砂光，对于后期需要贴面的华夫板则必须进行砂光处理。

10.1.3 产品特点和性能

华夫板具有质量轻、强度高的特点，与定向刨花板相类似。华夫板的主要物理力学性能见表10-2。

表 10-2 华夫板的主要物理力学性能[①]

项目		单位	标准华夫板（WB）	表层定向华夫板（WBP）	定向华夫板（OWB）
厚度		mm	10	10	11.11
密度		kg/m³	650	650	650
静曲强度	纵向	MPa	24	50	54
	横向	MPa	24	18	18
弹性模量	纵向	MPa	3600	6000	8000
	横向	MPa	3600	1500	2000
内结合强度		MPa	0.5	0.5	0.5
线膨胀率	纵向	%	0.15	0.10	0.08
	横向	%	0.15	0.15	0.12

①摘自《木材工业实用大全·刨花板卷》，中国林业出版社，1998。

10.1.4 用途

华夫板具有较好的物理力学性能，可以替代结构胶合板使用。在建筑上主要用作屋面板、墙板和地板衬板，表面覆膜后还可用作建筑模板。

10.2 定向刨花板

10.2.1 概述

定向刨花板（Oriented Strand Board，OSB），在中国建材市场上被称作"欧松板"，是一种以窄长薄平刨花（strand）为基本单元，拌胶后通过专用设备将表芯层刨花分别定向铺装、热压制成的一种结构板材。定向刨花板是华夫板的更新换代产品，是在20世纪70年代末80年代初逐渐发展起来的一种新型结构木质人造板材。其技术发明源于欧洲，工业化生产始于美国，1979年美国建成了世界上第一家定向刨花板厂，产品主要替代胶合板用于建筑盖板。此后，定向刨花板在美国和加拿大得到了迅速的发展，并在建筑及其他领域被大量使用。20世纪90年代定向刨花板开始在欧洲崛起，成为欧洲目前发展最快的一个板种。最近，越来越多的定向刨花板生产线在南美洲和亚洲地区建成。据资料统计，截至2006年年底，北美地区定向刨花板年生产能力达到了2400万 m^3，欧洲地区达到360万 m^3，南美地区也超过了60万 m^3。随着全球范围内大径级木材的日益短缺，定向刨花板以其优异性价比，将会在更多领域替代结构胶合板产品，有着广阔的发展前景。

定向刨花板按其结构可分为两大类：全定向刨花板和表层定向刨花板，其结构特点列于表10-3。

表10-3 定向刨花板的分类和特点

类别	层数	特点
全定向刨花板	单层	窄长大刨花全部纵向排列，板材静曲强度纵向远高于横向（见图10-3）
	三层	窄长大刨花，表层纵向排列，芯层横向排列；板材纵横向静曲强度比随表芯层刨花的重量比而变化（见图10-4）
	多层	窄长大刨花，各层刨花相互成一定角度排列，板材纵横向静曲强度比随相互各层刨花重量比和刨花定向角度而变化
表层定向刨花板	三层	表层为窄长薄平大刨花，纵向排列；芯层为方形刨花或窄长薄平刨花，随意排列。板材纵向强度高于横向强度（见图10-5）

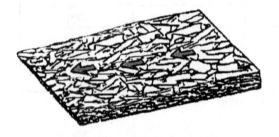

图10-3 单层结构定向刨花板

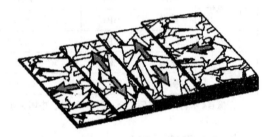

图10-4 三层结构定向刨花板

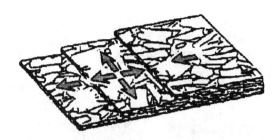

图 10-5 表层定向刨花板

10.2.2 生产工艺

10.2.2.1 原材料

①木材原料：制造定向结构板的原料与华夫板的原料要求基本相同，一般采用小径材或间伐材，一些具有一定径级的枝桠材和胶合板企业旋切后的木芯也可以部分作为定向结构板的原料。马尾松、落叶松、桦木、桉树和速生杨树等树种的木材都是制造定向刨花板的优质原料。同样地，为了得到窄长薄平刨花，木材原料需要一定径级，一般直径为 50~250mm 的小径木均可满足生产要求。木材原料在 0℃ 以下或含水率低于 60% 时，生产前必须置于 40~60℃ 温水池中浸泡，使木材中的冰融化或提高其含水率，以保证刨片质量。

②胶黏剂：定向刨花板通常采用酚醛树脂作为胶黏剂，有时芯层也用异氰酸酯树脂。

③添加剂：为提高产品的防水性能，生产中要加入少量的石蜡作为防水剂，石蜡的添加量为绝干刨花质量的 0.5%~1.5%。对于有防霉和防腐性能要求的定向刨花板，还需加入防霉剂和防腐剂。

10.2.2.2 生产工艺

定向刨花板的生产工艺和设备与华夫板大致相同，主要包括原木剥皮、刨片、干燥、筛选、施胶、定向铺装、热压、裁边、锯割等工序。二者的区别主要在于：①刨花的形态不同。生产华夫板的大片刨花多为方形，而制造定向刨花板需要长条状刨花，要求刨花的长宽比不小于 3。一般定向刨花的规格为长 40~70mm、宽 5~20mm、厚 0.3~0.7mm。②铺装要求和设备不同。通常的华夫板在板坯铺装时方型大刨花不易定向，板坯中的刨花没有确定的方向性，而定向刨花板在板坯成型时需要专门的定向装置对刨花进行定向。对于三层结构的定向刨花板，一般需要两个纵向铺装头完成上表层和下表层的刨花定向，一个横向铺装头完成芯层刨花的定向。图 10-6 为典型定向刨花板生产流程示意图。

原木经剥皮清洗，按工艺要求截成规定长度送至刨片机。刨花制造使用盘式或鼓式刨片机。制造定向刨花板的刨花，长宽比要大一些，厚度要均匀，表面要光滑。制造定向刨花板的刨花尺寸为：长 70mm 左右，宽 5~10mm，厚 0.3~0.5mm。对宽度过大的刨花要进行再碎加工，可用锤式再碎机，但制得的刨花宽度不均；也可在盘式刨片机刀盘外圆装上叶片，使刨花再碎，质量较好一些。

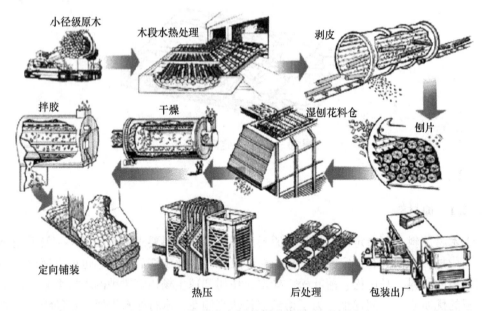

图 10-6　典型定向刨花板生产流程示意图

刨花干燥常用三通道滚筒式干燥机，干燥后刨花的终含水率以 3%~6% 为宜。在干燥过程中要注意调整干燥机的参数，尽量避免刨花破损。为避免施胶过程中刨花破碎，一般多采用低速的滚筒式拌胶机施胶（见图 10-7 和图 10-8）。采用不同的胶黏剂，施胶量也不同，用脲醛树脂胶黏剂时，施胶量为 9% 左右；用酚醛树脂胶黏剂时，施胶量为 5%~6%。拌胶同时还要施加石蜡防水剂。

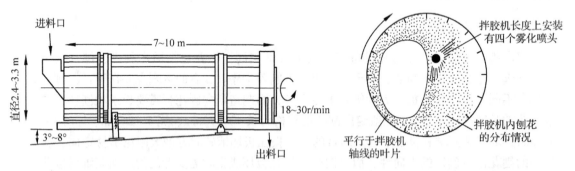

图 10-7　滚筒式拌胶机工作示意图　　图 10-8　滚筒式拌胶机剖面图

板坯铺装是定向刨花板生产的关键工序，能否铺装成定向结构的板坯及定向效果如何，主要取决于这一环节，这也是与普通刨花板生产差别最大的一道工序。定向铺装的工艺要求与普通板坯铺装的工艺要求基本相同，只是铺装方法及设备不同，定向铺装装置能使刨花纵向平行排列。

定向刨花板的热压设备与普通刨花板相同，但热压工艺有所差别。由于定向刨花板采用较薄的片状刨花，在热压过程中板坯的透气性较差，热压后期板内蒸汽排出较普通刨花板困难,因此热压时间需要适当延长。密度为 0.65g/cm³ 的定向刨花板,热压时间为 0.5~0.8min/mm。

定向刨花板的后期处理同普通刨花板,但一般不需要砂光,只有需要二次贴面时才进行砂光处理,以提高表面质量。

10.2.2.3 定向方法

定向铺装的方法有两种:一种是依靠机械作用使刨花作定向排列,称为机械定向铺装;另一种是利用木材分子具有极性这一特点,使刨花受高压静电作用而实现定向,称为静电定向铺装。

(1) 机械定向铺装

用于定向刨花板的定向铺装装置类型很多,如曲面流料板定向、板式定向、定距链板式定向、圆盘定向、栅格式定向、旋转圆筒定向、振动格板定向、差动齿形插片定向等。

①曲面流料板定向铺装(见图10-9):拌胶刨花经计量后,均匀地送到曲面流料板的上端。流料板向板坯前进方向弯曲,进入流料板上端的细长刨花呈不规则排列,刨花向下滑动过程中经过流料板弯曲部位时,为获得稳定平衡必然转向,其长度方向与流料板曲面轴线平行,从而形成定向排列,并从流料板下端滑落在板坯运输带上。流料板下端与运输带的距离要适当,以满足板坯厚度要求和不影响原定向效果为宜。

②板式定向铺装(见图10-10):这种定向装置主要是由一些相互平行的定向导板组成,计量后的刨花落在交替移动的导板上,由于导板间距小于刨花长度,因此,刨花只能以与导板接近于平行的方向落在运输带上。计量后落下的刨花不可避免地会有一部分搁置在导板上,通过导板交替移动和挡块的推挡作用后,便会落在两导板间隙内。

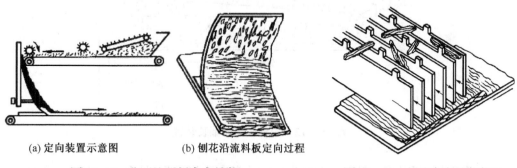

(a) 定向装置示意图　　(b) 刨花沿流料板定向过程

图10-9　曲面流料板定向铺装　　　　图10-10　板式定向铺装装置

③多圆盘定向铺装:相互平行排列的一系列转轴,安装在一个框架上,框架两端可通过升降机构调整作上下运动,以便铺装不同厚度板坯和定向铺装角。每根转轴上配置有一定数量的圆盘,按一定间距安装。各轴上的圆盘相互局部重叠,形成一个圆盘筛网(见图10-11)。每根转轴上的圆盘间距不同,从接受刨花端到另一端,圆盘间距由小到大,逐渐变化。所有转轴向一个方向转动,但最后一个转轴反向转动。当刨花从分配辊落下时,随圆盘的转动而向前运动,因各转轴上圆盘间距疏密不同,小刨花在圆盘的

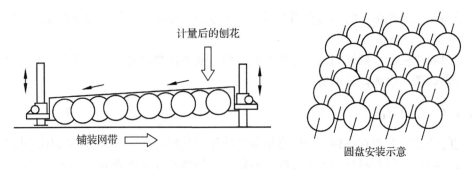

图 10-11 圆盘定向铺装

梳理作用下，先落在铺装带上成定向铺装；随着圆盘间距增大，落下并定向铺装的刨花也逐渐增大。这种铺装机铺装的板坯，芯层为细小刨花，表层为大刨花。

④栅格式定向铺装：栅格式定向铺装装置由针辊、循环运动的铺装栅和立柱升降机构等构成（见图 10-12）。来自供料机构的刨花经由预定向辊均匀分散地落到栅格内，随着栅格的运动，呈横向排列在经前一个铺装头铺成的纵向排列的刨花层上。由升降机构使铺装栅升降，可实现铺装厚度和铺装角的调整。铺装栅的运行速度要稍低于板坯运输带的运行速度。

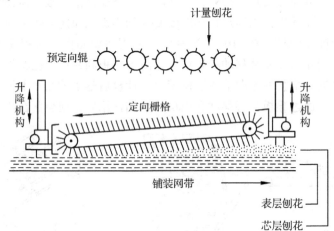

图 10-12 栅格式定向铺装装置

⑤差动齿形插片定向铺装：差动齿形插片定向铺装装置（见图 10-13）主要由两组齿形插片组成，一组为定插片，一组为动插片。在电动机和曲柄连杆机构的带动下，动插片来回摆动，扯动刨花并使其沿插片长度方向落下，铺成定向结构的板坯。

齿形插片来回移动频率为 150 次/min，移动距离由刨花长度和齿形插片之间距离确定，可通过调节曲柄长度来改变。

除上述机械式定向铺装装置外，圆筒式定向铺装装置也经常被采用（见图 10-14）。

(2) 静电定向铺装

静电定向铺装的定向效果较好，定向方位可灵活掌握，但设备结构比较复杂。静电

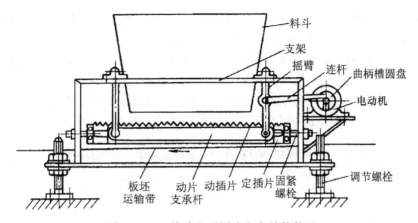

图 10-13 差动齿形插片定向铺装装置

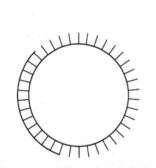

图 10-14 圆筒式定向铺装装置

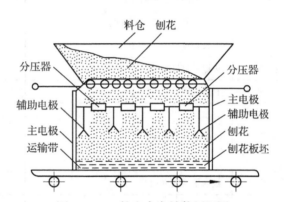

图 10-15 静电定向铺装原理图

定向铺装要求刨花的含水率在 10%~20% 范围内,由于此时的木材含水率较低,电阻率很大,导电能力很差,可认为是电介质。图 10-15 所示为静电定向铺装原理图。刨花经计量后进入铺装室,在高压静电场内被极化,刨花表面上便产生极化电荷,使其一端带正电荷,另一端带负电荷。外电场与极化电荷的相互作用,使刨花受到一个力矩作用而发生转动,其长度取向为外电场方向,从而实现定向排列,并落在运输带上。

10.2.3 产品特点和性能

定向刨花板具有良好的力学性能。三层定向刨花板模拟了胶合板的组坯结构,不仅强度高(其纵向静曲强度约为普通刨花板的 1.5 倍),而且力学性能具有方向性,单层定向刨花板的纵向强度可比横向大 3 倍以上。生产中还可以通过控制各层刨花的比例和定向角度,制造出具有不同纵横强度比要求的定向刨花板。另外,定向刨花板经济性好,原料要求比胶合板低,可以利用低质的小径木,木材利用率高达 80% 以上,用胶量比普通刨花板节省 20%。

通常,定向刨花板的厚度范围为 6~25mm,密度范围为 600~680kg/m³,规格尺寸因国家和地区而异:北美为 1220mm×2440mm,欧洲为 1250mm×2500mm,日本为 914mm×1829mm。各国对定向刨花板的质量要求也不完全相同,在美国用于建筑业的定向刨花板产品必须符合美国木材工程协会 PS 2—1992 建筑结构板材性能标准，加拿大执行 CSA 0437.0—1993 定向刨花板和华夫板标准。

在欧洲，定向刨花板的质量检验执行 EN300 标准。该标准根据定向刨花板的应用场合划分为四个等级，1 级为一般用途，如干燥条件下的室内装修和家具用材；2 级为干燥条件下的承重构件；3 级为潮湿环境条件下的一般承重构件；4 级为潮湿环境条件下的重载荷构件。各等级定向刨花板的质量指标要求见表 10-4 至表 10-9。

表 10-4　欧洲 EN300 标准中对定向刨花板产品的基本要求

序号	性能指标	测试方法	要求
1[①②]	尺寸偏差 厚度 　未砂板，板内和板间 　已砂板，板内和板间 长和宽	EN324-1	±0.8mm ±0.3mm ±3.0mm
2[①②]	边缘不直度偏差	EN324-2	1.5mm/m
3[①②]	直角偏差	EN324-2	2.0mm/m
4[①]	含水率 OSB/1、OSB/2 OSB/3、OSB/4	EN322	2%~12% 5%~12%
5[②]	板内平均密度偏差	EN323	±10%
6	甲醛含量(穿孔法) 1 级 2 级	EN120	≤8mg/100g >8mg/100g, ≤30mg/100g

①OSB 用于某些场合时，公差要求可与本表不同。
②在板含水率为应相对湿度 65%、温度 20℃ 条件时测得这些指标。

表 10-5　干燥环境条件下的室内装修和家具用 OSB 板物理力学性能要求

板类型 OSB/1	测试方法	单位	性能要求		
			公称厚度范围 (mm)		
性能指标			6~10	>10, <18	18~25
弯曲强度—纵向	EN 310	MPa	20	18	16
弯曲强度—横向	EN 310	MPa	10	9	8
弯曲弹性模量—纵向	EN 310	MPa	2500	2500	2500
弯曲弹性模量—横向	EN 310	MPa	1200	1200	1200
内结合强度	EN 319	MPa	0.30	0.28	0.26
24 h 吸水厚度膨胀率	EN 317	%	25	25	25

表 10-6　干燥环境条件下用作承重构件的 OSB 板物理力学性能要求

板 类 型 OSB/2 性 能 指 标	测试方法	单位	性 能 要 求 公称厚度范围（mm）		
			6~10	>10, <18	18~25
弯曲强度—纵向	EN 310	MPa	22	20	18
弯曲强度—横向	EN 310	MPa	11	10	9
弯曲弹性模量—纵向	EN 310	MPa	3500	3500	3500
弯曲弹性模量—横向	EN 310	MPa	1400	1400	1400
内结合强度	EN 319	MPa	0.34	0.32	0.30
24 h 吸水厚度膨胀率	EN 317	%	20	20	20

注：若买方指明板将用作地板、墙或屋顶材料，必须考虑相应性能标准，其性能必须满足附加要求。

表 10-7　潮湿环境条件下用作承重构件的 OSB 板物理力学性能要求

板 类 型 OSB/3 性 能 指 标	测试方法	单位	性 能 要 求 公称厚度范围（mm）		
			6~10	>10, <18	18~25
弯曲强度—纵向	EN 310	MPa	22	20	18
弯曲强度—横向	EN 310	MPa	11	10	9
弯曲弹性模量—纵向	EN 310	MPa	3500	3500	3500
弯曲弹性模量—横向	EN 310	MPa	1400	1400	1400
内结合强度	EN 319	MPa	0.34	0.32	0.30
24 h 吸水厚度膨胀率	EN 317	%	15	15	15

注：若买方指明板将用作地板、墙或屋顶材料，必须考虑相应性能标准，其性能必须满足附加要求。

表 10-8　潮湿环境条件下用作重载荷构件的 OSB 板物理力学性能要求

板 类 型 OSB/4 性 能 指 标	测试方法	单位	性 能 要 求 公称厚度范围（mm）		
			6~10	>10, <18	18~25
弯曲强度—纵向	EN 310	MPa	30	28	26
弯曲强度—横向	EN 310	MPa	16	15	14
弯曲弹性模量—纵向	EN 310	MPa	4800	4800	4800
弯曲弹性模量—横向	EN 310	MPa	1900	1900	1900
内结合强度	EN 319	MPa	0.50	0.45	0.40
24 h 吸水厚度膨胀率	EN 317	%	12	12	12

注：若买方指明板将用作地板、墙或屋顶材料，必须考虑相应性能标准，其性能必须满足附加要求。

表10-9 对潮湿环境条件下用作承载构件的OSB耐水性要求

性能指标	测试方法	单位	性能要求 公称厚度范围（mm）					
			6~10		>10，<18		18~25	
			OSB/3	OSB/4	OSB/3	OSB/4	OSB/3	OSB/4
循环试验后纵向弯曲强度	EN 321 + EN 310	MPa	9	15	8	14	7	13
循环试验后内结合强度	EN 321 + EN 319	MPa	0.18	0.21	0.15	0.17	0.13	0.15
煮沸试验后内结合强度	EN 1087 -1：1995	MPa	0.15	0.17	0.13	0.15	0.12	0.13

表10-10 加拿大定向刨花板标准（CSA 0437.0—1993）—OSB物理力学性能

	项目		单位	R-1	O-1	O-2
第一组	静曲强度	纵向	MPa	≥17.2	≥23.4	≥29.0
		横向	MPa	≥17.2	≥9.6	≥12.4
	弹性模量	纵向	MPa	≥3100	≥4500	≥5500
		横向	MPa	≥3100	≥1300	≥1500
	内结合强度		MPa	≥0.345	≥0.345	≥0.345
	沸水煮2h后静曲强度	纵向	MPa	≥8.6	≥11.7	≥14.5
		横向	MPa	≥8.6	≥4.8	≥6.2
	24h吸水厚度膨胀率	板厚<12.7mm	%	≤15	≤15	≤15
		板厚≥12.7mm	%	≤10	≤10	≤10
第二组	线性膨胀率（绝干—饱和）	纵向	%	≤0.40	≤0.35	≤0.35
		横向	%	≤0.40	≤0.50	≤0.50
	侧面握钉力	纵向	N	≥70t	≥70t	≥70t
		横向	N	≥70t	≥70t	≥70t

① R（Random）代表刨花随意铺装；O（Oriented）代表刨花定向铺装，即表层纵向排列，芯层横向排列或随意排列。
② t 为板材名义厚度。

加拿大标准中将定向刨花板分为R-1、O-1和O-2三个等级，其中R-1为非定向铺装板，O-1为定向一级板，O-2为定向二级板，其物理力学性能指标见表10-10。

我国目前执行的定向刨花板标准是中华人民共和国林业行业标准LY/T 1580—2010，该标准是参照欧洲标准EN300—1994制定的，也把定向刨花板分为四个等级：OSB/1、OSB/2、OSB/3和OSB/4。公称厚度为6、8、10、12、14、16、19、22、25mm等，常规幅面为1220mm×2440mm，其他厚度和幅面的定向刨花板可根据供需双方协议生产。

10.2.4 用途

由于定向刨花板具有良好的性能,因而广泛应用于建筑业、家具制造业、运输包装业等,主要替代厚胶合板和结构用实木使用。在建筑业中,定向刨花板主要用于墙面、屋面及楼面覆板、混凝土模板等;在家具制造中,用于制作各种托架、结构板等;在运输包装材料中,用于制作包装箱、托盘等。定向刨花板以其优良的使用性能和适宜的价格,为越来越多的人所接受。

(1) 在建筑业中的应用

在北美和欧洲,定向刨花板主要应用领域就是建筑行业,北美地区88%的定向刨花板用作木结构住宅的屋顶、楼板、内外墙等,代替传统的木材和结构胶合板(见图10-16和图10-17)。在我国,木结构房屋目前尚处于起步阶段,由于人们的传统住宅观念和经济条件的局限,木结构房屋在中国还没有得到充分的发展,这也在一定程度上抑制了定向刨花板的生产和应用。

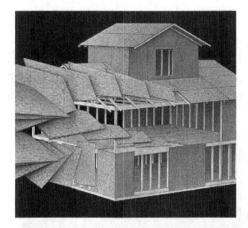

图10-16 OSB用作墙面板和屋顶板

图10-17 OSB用作木质工字梁腹板

定向刨花板在建筑方面的另一个重要用途是用作水泥模板。胶合板水泥模板生产原料来源随着大径级木材资源的紧张而日趋短缺。定向刨花板通过调整生产工艺和进行相应的后期加工,如使用防水型胶黏剂、对板材进行封边和贴面处理等,可以满足水泥模板的要求,并且具有密度轻(相比于竹质胶合板模板)、成本低等优点。定向刨花板经二次加工贴面后,表面平整度好,重量轻,幅面大,使用次数多,在水泥模板上将成为较钢木框组合胶合板模板、实木模板和钢模板更为理想的材料。

(2) 在家具制造业中的应用

普通刨花板制作板式家具已有较长的历史。定向刨花板与普通刨花板相比,其静曲强度和弹性模量均较高,解决了普通刨花板由于强度和刚度较差所带来的挠曲变形的问题,保证了家具的功能和美观。定向刨花板可用作家具的受力构件,也可用作图书馆托架、超高货架及卫生间内防水板材。

在家庭装修特别是在大开间房的间隔、挡墙、橱柜制作上,定向刨花板将比抗剪强度和抗冲击强度较低的细木工板、握螺钉力较差的普通刨花板和价高的胶合板更为优越。

(3) 在运输包装业中的应用

我国进入 WTO 之后，出口贸易迅速增长，同时出口地如美国、欧盟等国家对我国的出口产品包装提出了更高的要求，实木包装箱受到了限制，要求实木包装箱必须经过熏蒸处理并由中国政府出具检验合格证明。各种限制条件对我国的产品出口十分不利。

定向刨花板的原料来源广，我国有大量的速生丰产林，为定向刨花板提供了较佳原料。定向刨花板因性能优良，被世界包装协会列为"一级暴露"包装材料，即可暴露于室外的耐候性材料。定向刨花板还有一个最大的特点是在制造过程中刨花经高温干燥和高温热压，已将木材内的寄生虫、真菌、腐朽菌全部杀死，故而是公认的免检包装材料。

10.3 定向刨花层积材

10.3.1 概述

定向刨花层积材是在定向刨花板制造技术的基础上拓展而来的一种新产品，英文名称为 oriented strand lumber(OSL)，又称 laminated strand lumber(LSL)，是采用长细比更大的薄平刨花(见图 10 – 18)，施胶后全部沿板长方向定向，经层积热压而制成的一定规格的方材(见图 10 – 19)。

图 10 – 18 制造 LSL 的大片刨花

图 10 – 19 定向刨花层积材产品

定向刨花层积材(LSL)由加拿大 Macmillian Blodel 公司发明，并于 20 世纪 90 年代最早开始工业化生产，产品注册商标为 TimberStrand® LSL，后被美国惠好公司收购，由 Trus Joist™ 生产。

10.3.2 生产工艺

(1) 原材料

①木材原料：研发定向刨花层积材的目的，是要充分利用小规格的速生树种木材替代大幅面的实木锯材产品。白杨、黄杨、意杨、马尾松和桉树等速生树种的木材均可以

用来生产定向刨花层积材。生产定向刨花层积材所需刨花尺寸为厚度 0.9~1.3mm、宽度 13~25mm、长度 200~300mm，与 OSB 相比刨花长度更大，因此对木材原料径级和通直度的要求比定向刨花板高。

②胶黏剂：定向刨花层积材为结构工程类木质复合材料，在建筑中主要用作承重构件，因此对产品的胶合强度、耐水性和耐久(候)性有较高的要求。目前主要采用酚醛树脂胶或异氰酸酯树脂胶黏剂生产定向刨花层积材。

③添加剂：为了提高产品的防水、防霉或阻燃等性能，生产中可加入适量的防水剂、防霉剂或阻燃剂等化学添加剂。

(2) 制造方法

图 10-20 所示为定向刨花层积材的生产工艺流程。将原木放入热水池中浸泡一段时间使其软化，剥去树皮后经刨片机加工成所需规格的大片刨花，用筛选设备去除细小刨花，合格的湿刨花被送入滚筒式干燥机进行干燥，干燥过程中应尽量保持刨花原有形态并使干燥后刨花含水率均匀一致，刨花终含水率控制在 3%~7%。干燥后的刨花采用滚筒式拌胶机施加酚醛树脂胶(PF)或异氰酸酯(MDI)胶黏剂和石蜡，然后用定向装置将施胶后的刨花沿板长方向连续铺装，并横截成 2.4m 宽、10.7m 或 14.6m 长的疏松板坯。然后板坯被送入压机中进行热压，在热和压力的共同作用下胶黏剂发生固化，最后压制成板。由于定向刨花层积材厚度较大，为了获得剖面密度分布比较均匀的产品、缩短热压时间，生产中一般采用喷蒸热压的方法，加快热量传递。热压后的毛板通过无损检测装置检测是否存在鼓泡、分层等缺陷，合格的板子再经裁边、分割和砂光等处理后形成最终产品。

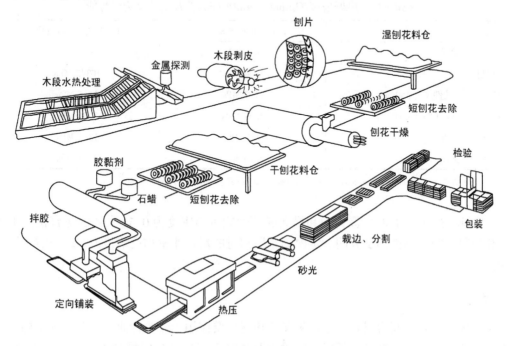

图 10-20 定向刨花层积材生产工艺流程示意图

定向刨花层积材的规格非常灵活，可以满足木结构建筑材料的要求。TimberStrand®产品的最大规格可达 1.4m×1.2m×14.6m。

10.3.3 产品特点和性能

(1) 产品特点

定向刨花层积材的生产工艺过程与定向刨花板基本相同，不同之处在于：①定向刨花层积材所用刨花较定向刨花板长；②定向刨花层积材中所有刨花均沿板长方向作纵向排列；③定向刨花板厚度一般不超过 25mm，而定向刨花层积材的厚度可达 140mm；④定向刨花层积材产品密度较定向刨花板高。因此，定向刨花层积材与定向刨花板相比具有更高的纵向强度，同时又具有良好的尺寸稳定性，在外界环境变化时不易发生干缩、弯曲、翘曲和开裂现象。与实木锯材相比，定向刨花层积材具有强度变异性小、许用应力大、规格尺寸灵活等优点，可进行锯、刨、钉、开槽、油漆以及贴面等加工。

(2) 产品性能

定向刨花层积材属于新型结构复合材，具有代表性的产品有加拿大 Ainsworth Lumber Co. Ltd. 生产的 Ainsworth Durastrand® LSL 和 OSL，美国惠好公司生产的 TimberStrand® LSL 和 Louisiana – Pacific Corporation 生产的 LP OSL。目前，定向刨花层积材尚无统一的质量标准，制造商执行各自的企业标准，产品质量由第三方机构（如 ICC-ES 和 APA）进行评估。表 10 – 11 为惠好公司 1.3E 和 1.5E TimberStrand® LSL 产品的容许力学性能。

表 10 – 11　惠好公司 TimberStrand® LSL 产品的容许力学性能

指　标	1.3E TimberStrand®	1.5E TimberStrand®
剪切弹性模量	560 MPa	646 MPa
弹性模量	8960 MPa	10345 MPa
静曲强度（试件宽度350mm）	11.7 MPa	15.5 MPa
横向抗压强度（厚度方向）	4.69 MPa	5.34 MPa
纵向抗压强度	9.6 MPa	13.4 MPa
水平抗剪强度	2.76 MPa	2.76 MPa

资料来源：Sven Thelandersson and Hans J. Larsen, *Timber Engineering*, 2003。

TimberStrand® LSL 的握钉力和横向联结性能可与密度为 $0.5g/cm^3$ 的花旗松实木锯材相媲美。防火性能测试表明，定向刨花层积材的炭化速率和火焰传播等级与实木锯材相当。

10.3.4 用途

作为工程木质复合材料，定向刨花层积材主要应用于建筑行业。一般在木结构建筑中用作梁、柱、桁架弦杆、托梁、圈梁以及预制工字形搁栅的翼缘等。图 10 – 21 所示为定向刨花层积材在建筑中的应用实例。

图 10-21　定向刨花层积材在建筑中的应用实例

本章小结

结构型刨花板是由专用设备刨切得到的大刨花，施加胶黏剂后按照一定的方向排列或组合在一起，通过加热加压制成的板材、枋材或其他结构形状的材料，包括华夫板、定向刨花板和定向刨花层积材等。结构型刨花板生产中通常采用防水型胶黏剂，强度高、尺寸稳定性好，可替代结构胶合板广泛应用于建筑、家具制造业和运输包装等行业。上述三种结构型刨花板均可采用小径级木材、速生材、间伐材生产，但在刨花形态和产品结构上存在差异。华夫板已逐渐被定向刨花板所取代。随着大径级木材资源迅速减少，定向刨花板和定向刨花层积材具有广阔的发展前景。

思考题

1. 什么是结构型刨花板？包括哪几种产品？
2. 华夫板与定向刨花板有何不同点？
3. 普通刨花板与定向刨花板在原料、生产工艺、产品性能和用途上有什么区别？
4. 刨花定向的方式有哪几种？各有什么特点？
5. 什么是定向刨花层积材？它有什么特点和用途？
6. 简述定向刨花板的生产工艺过程。
7. 简述华夫板、定向刨花板和定向刨花层积材三种产品的异同点。

第11章 非木材植物刨花板

随着世界性森林资源短缺,木材供应日趋紧张,使木材人造板生产已受到一定程度的影响。因此,寻找新的人造板代用原料已势在必行。本章在介绍非木材植物刨花板的定义、分类以及原料特点的基础上,重点对麦秸(稻草)刨花板、蔗渣刨花板、麻屑刨花板、棉秆刨花板的生产工艺和产品性能进行了阐述。

11.1 概述

所谓非木材植物刨花板是指采用木材以外的植物纤维原料制造而成的刨花板材。除了木材之外,还有许多一年生或多年生的植物或农业剩余物都可以作为刨花板原料,如竹材、亚麻秆、棉秆、麦秸、稻草、甘蔗渣等,这些植物纤维原料的主要化学组成(纤维素、半纤维素和木质素)都与木材非常相似,采用适当的生产工艺和胶黏剂,完全可以制造出性能优良的刨花板。

近年来,随着全球范围内森林资源的日趋减少和环境保护意识的增强,非木材植物资源的工业化利用越来越受到人们的重视,甚至在木材资源比较丰富的美国和加拿大,也出现了利用农业剩余物制造人造板的热潮,建成了多条大型的甘蔗渣刨花板和麦秸刨花板生产线。我国更是一个农业大国,有着丰富的非木材植物原料资源,仅农业剩余物每年就有 4×10^9 t 之多。因此,充分利用非木材植物原料资源替代木材制造人造板,可以减少森林砍伐,对于缓解木材资源供应矛盾和保护生态环境都有着非常重要的现实意义。

根据所采用的原料不同,非木材植物刨花板的分类见表11-1。

表11-1 非木材植物刨花板种类

原料		品种
工厂加工剩余物	甘蔗渣	蔗渣刨花板
	亚麻屑、苘麻屑	麻屑刨花板
农业剩余物	麦秸	麦秸刨花板
	稻草	稻草刨花板
	棉秆	棉秆刨花板
	豆秸	豆秸刨花板
	玉米秆	玉米秆刨花板
	油菜秆	油菜秆刨花板
	烟秆	烟秆刨花板

(续)

原　料	品　种
竹　子	竹材刨花板
芦　苇	芦苇刨花板

与木材原料相比，非木材植物原料具有以下特点：

①季节性强：大部分非植物纤维原料是农业收割剩余物（如麦秸）和工厂加工剩余物（如甘蔗渣），其生产季节性很强，并且质地松散、体积庞大。要保证全年正常生产，需要解决好原料的收集、运输和储存问题。

②易霉变：大部分非植物原料的含糖量和抽提物含量都比木材高，在原料贮存过程和成品板的使用中容易受到菌虫等的侵蚀而发生霉变，因此在生产中一般要添加防霉剂、防虫剂和防腐剂。

③灰分含量高：秸秆的灰分含量高于木材，有的甚至高达19%，而灰分中非极性物质的二氧化硅含量又多在60%以上。这些物质的存在不仅会影响纤维间的胶结性能，而且对刀具、磨片以及砂带的磨损等会带来不利的影响。

④杂质含量多：农作物秸秆在收割和运输过程中都会混入大量的泥沙等杂质，另外，甘蔗渣、玉米秆等原料的髓心和棉秆的表皮等不仅会影响产品质量，而且对加工设备和生产过程会造成不良影响，一般需要专用设备将这些杂质除去。

11.2　麦秸（稻草）刨花板

麦秸（稻草）刨花板是以农业收割剩余物麦秸或稻草为原料，经切断、粉碎、干燥和分选，施加异氰酸酯胶黏剂后热压制成的一种非木质人造板材。

我国是水稻和小麦盛产国，每年收获后约产稻草和麦秸四亿多吨，可见我国稻草和麦秸资源十分丰富。近年来，我国在农作物秸秆产业化综合利用方面投入了大量的人力、物力进行技术攻关，但尚未取得突破性进展。每年秋冬季节农村地区大量进行秸秆焚烧，污染环境、影响交通，已成为严重的社会公害，引起了各级领导和广大群众的极大关注。如果运用政策杠杆推动农作物秸秆替代木材原料生产人造板，不仅可以显著减少环境污染、补充木材资源的不足，而且还能增加社会就业、促进农民增收，不失为一举多得的战略举措。

目前，全世界秸秆人造板产能已达300万m^3以上，美国约150万m^3，加拿大约50万m^3，品种主要为麦秸刨花板。截至2009年年底，我国新建秸秆类人造板企业约8家，共有生产线10条，总生产能力约75万m^3，初步形成了农作物秸秆人造板产业。

11.2.1　原料

麦秸和稻草属于一年生禾本科植物，高约1m，秆直径3~5mm，表面光滑。由于产地和品种不同，其化学组成也有所差异，见表11-2。

表 11-2　不同产地麦秸和稻草秸秆的化学组成

原料与产地	灰分（%）	1% NaOH 抽提物（%）	全纤维素（%）	戊聚糖（%）	木质素（%）
麦秸(陕西)	7.84	40.35	42.20	23.30	18.59
麦秸(四川)	6.45	38.30	41.54	21.05	19.09
麦秸(河北)	6.04	44.56	40.40	25.56	22.34
稻草(江苏)	15.50	47.70	36.20	18.06	14.05
稻草(浙江)	10.92	52.73	36.85	19.55	11.23
稻草(河北)	14.00	55.04	35.23	19.80	11.93
稻草(辽宁)	14.15	48.79	36.73	21.08	9.49

麦秸和稻草表面由于富含蜡质,木质刨花板生产中普遍使用的脲醛树脂胶难以将其胶合。目前,国际上麦秸刨花板生产企业多采用异氰酸酯作为胶黏剂,产品多为渐变结构或三层结构。

11.2.2　生产工艺

生产麦秸(稻草)刨花板需要解决好两个问题:第一是原料的收集与贮存问题,由于麦秸为农业收割小麦后的剩余物,一般每年只有一季,于是如何收集和贮存工厂全年所需要的原料是企业首先要解决的问题,普遍的做法是采用打捆贮存的方法,该方法既能节省贮存空间,又可防止麦秸原料的劣化;第二是粘板问题,异氰酸酯是一种活性极强的胶黏剂,它几乎无所不粘的特性,既是优点又是缺点,如果在热压时不采取措施,板坯会粘在热压板上难以取下,生产中需要使用脱模剂或脱模纸,以防止粘板而影响正常生产。

麦秸(稻草)刨花板的制造过程与普通刨花板大致相同,主要区别在于原料贮存和备料工段。图 11-1 所示为麦秸刨花板生产工艺流程。

①原料准备:由于麦秸原料不能像木材原料那样可以常年采伐和收购,收割季节性强,所以原料的贮存非常重要,既要保证全年生产所需,又要防止麦秸原料发霉变质,同时还要考虑节省场地。一般在收割季节用打捆机将麦秸或稻草打成一定规格的方捆或圆捆,然后采取分散贮存、集中使用的办法。打捆前麦秸含水率应不高于 20%。

②解捆:在刨花制备前需要将麦秸或稻草捆疏散开来,以便下一步加工。可以采用疏捆机或手工解捆。

③切断:用切草机将解捆后的麦秸或稻草切成 30~50mm 长的粗料。

④破碎:用双鼓轮刨片机或破碎机将麦秸或稻草粗料进一步破碎成一定粒度的刨花或碎料。如果原料过干,可以在破碎前适当喷施一些水来调节原料含水率,以保证合格刨花制得率。

⑤风选:在麦秸的收集和运输过程中都不可避免地会有泥沙、尘土或石块等混入其中,风选的目的就是利用风力的作用将这些杂质除去。

⑥干燥:采用与普通木质刨花板生产中相同的干燥机,将麦秸碎料干燥至含水率

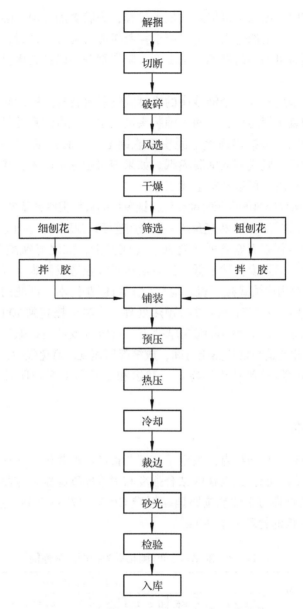

图 11-1 麦秸(稻草)刨花板生产工艺流程

4%左右。由于麦秸或稻草刨花与木质刨花相比，初含水率较低(小于20%)、厚度小，干燥容易，因此可以选用干燥能力较低的刨花干燥机。

⑦筛选：与木材刨花相同，粗刨花作芯层料，细刨花作表层料，过大的刨花再碎后亦可作表层料。过细的粉尘则可以送入锅炉房或能源工厂作为燃料，或者废弃不用。

⑧拌胶：由于表芯层刨花施胶量(或胶种)不同，故粗细刨花应分别进行拌胶。可以采用与普通刨花板相同的环式拌胶机，也可以采用滚筒式拌胶机。如全部施加异氰酸酯胶黏剂(MDI)，芯层粗刨花施胶量为2%~3%，表层细刨花施胶量为4%~5%，最

好使用可乳化的 MDI，因为可以加入适量水稀释，施胶更加均匀。必须注意的是，异氰酸酯在固化之前具有一定的毒性，所以要求拌胶机应有良好的密封，以免对人体健康造成危害。施胶的同时可添加防腐剂、杀虫剂、阻燃剂等，以提高板材的防霉、防虫和防火性能。

⑨铺装：一般采用具有三个铺装头的机械式铺装机将拌过胶的碎料铺成一定厚度的板坯，其中一个铺装头铺芯层，另两个铺装头铺表层。值得注意的是，为防止热压时粘板，铺装前需在垫网或垫板表面涂上脱模剂或铺上一层脱模纸，待铺装完成和预压之后，再在板坯表面喷上脱模剂或铺脱模纸。如果表层刨花不施胶，或者采用具有自脱模功能的热压板和垫板时，可以省却上述工序。

⑩预压：由于秸秆碎料的堆积密度较低，铺装后的板坯很厚且蓬松，为便于运输和减少压机闭合时间，必须进行预压。板坯预压一般采用连续式预压机，预压后将其松边裁去。

⑪热压：由于秸秆表面富含蜡状物质，比较光滑，加之异氰酸酯胶黏剂的初粘性差，板坯虽经预压，但强度依然很低，给多层压机装板造成困难。因此生产中多采用大幅面单层热压机或使用连续式热压机。麦秸(稻草)刨花比木材刨花的热传导性差，为提高压机效率，可在热压之前对板坯进行预热处理，将温度提高到70℃左右再送入压机，可大大缩短热压时间。麦秸(稻草)刨花厚度小，热压时板坯内孔隙度小，比较密实，水蒸气逸出困难，因此要适当延长热压时间，放缓降压速度，避免发生鼓泡、分层的现象。

热压后的麦秸(稻草)刨花板经冷却、裁边和砂光等工序处理后，进行检验分等并包装入库。

11.2.3 产品性能

麦秸和稻草原料自身的特点，决定了其刨花板产品的物理力学性能较使用同类型胶黏剂的木质刨花板的性能，尤其在内结合强度和吸水厚度膨胀率方面存在较大差异。麦秸(稻草)刨花板的物理力学性能按照国家标准 GB/T 21723—2008 进行检测。表 11-3 为麦秸(稻草)刨花板的物理力学性能。

表11-3 麦秸(稻草)刨花板的物理力学性能

性能指标	单位	基本厚度范围(mm)							
		$3 < t \leq 4$	$4 < t \leq 6$	$6 < t \leq 13$	$13 < t \leq 20$	$20 < t \leq 25$	$25 < t \leq 32$	$32 < t \leq 40$	> 40
含水率	%	4~13							
密度	g/cm^3	0.65~0.88							
板内平均密度偏差	%	±8.0							
静曲强度	MPa	≥14	≥15	≥14	≥13	≥11.5	≥10	≥8.5	≥7
弯曲弹性模量	MPa	≥1800	≥1950	≥1800	≥1600	≥1500	≥1350	≥1200	≥1050
内结合强度	MPa	≥0.45	≥0.45	≥0.40	≥0.35	≥0.30	≥0.25	≥0.20	≥0.20
表面结合强度	MPa	≥0.8							
2h 吸水厚度膨胀率	%	≤6.0							
握螺钉力	N	板面≥1100，板边≥700							

注：厚度小于 16mm 的不测握螺钉力。

11.3 蔗渣刨花板

蔗渣刨花板是以糖厂榨糖后的残渣——甘蔗渣为原料，经除髓、干燥、筛选后，施加脲醛树脂或异氰酸酯胶黏剂，热压而制成的一种人造板材。

世界第一家蔗渣刨花板厂建于古巴，于 1959 年开始生产。随后在 20 世纪 60~70 年代，美国、阿根廷、巴基斯坦、委内瑞拉等 10 多个国家先后建成年产 1.0 万~3.0 万 t 的蔗渣刨花板生产线。到 80 年代末期，国外蔗渣刨花板年生产能力已达 30 万 m^3 以上。

我国于 20 世纪 80 年代开始蔗渣刨花板的研制，于 1985 年建成年产 5000 m^3 的生产线。80 年代期间，我国陆续建成 10 余条蔗渣刨花板生产线，到 90 年代，已建成蔗渣刨花板厂 20 余家，分布于广东、广西、福建、云南、湖南、湖北、四川等地，年总设计生产能力逾 20 万 m^3。

11.3.1 原料

生产蔗渣刨花板的原料为甘蔗提取糖后的下脚料。蔗渣的化学成分与木材很相似，但多戊糖含量和灰分含量较高，见表 11-4。

从糖厂出来的蔗渣含水率达 100%，且含有 2%~3% 的糖，贮存过程中易发酵，使纤维素和木质素损失，且纤维质量下降。因此，贮存大量的蔗渣以确保 6~9 个月的非收割期的原料供应是一项艰巨的任务。蔗渣中蔗皮和维管束约占总量的 60%~65%，蔗髓占 35%~40%，蔗髓是薄壁细胞，为海绵状物质，柔软、质轻、吸水性强、膨胀率大、强度低。用含有大量蔗髓的蔗渣直接制板，产品的强度低、尺寸稳定性差、耐水性差，且耗胶量多，因此，在制板前必须除去蔗髓。

表 11-4 蔗渣与木材的化学成分比较   %

化学成分	蔗渣	山毛榉	松木
纤维素	46	45	42
木质素	23	23	29
戊糖和己聚糖	25	22	22
其他成分	6	10	7

蔗渣贮存有两种方法：第一种方法是采用发酵法贮存，在制造蔗渣板以前将蔗髓除去；这种贮存方法简便，但使蔗渣质量降低，颜色变深，纤维受到一定程度破坏，使板强度受到影响。第二种方法是打包贮存，在糖厂将蔗渣中的蔗髓除去，并进行预干燥，使蔗渣含水率降至 20%~30%，再对干燥后的蔗渣压紧打包，然后运至蔗渣板厂贮存备用；此种方法对蔗渣发酵有阻止作用，且能降低运输费用，是一些新建厂普遍采用的方法。

蔗渣除髓有两种方法：一种是干法除髓，即先进行预干燥，使其含水率达 20%~

30%，然后除去蔗髓；另一种是湿法除髓，即直接对糖厂出来的蔗渣除髓。

干法除髓多采用锤击式除髓机。锤击式除髓机类似于锤式再碎机，有立式和卧式两种（见图11-2）。卧式除髓机筛孔易堵塞，除髓效果较差。立式除髓机效果较好。蔗渣在除髓机中不断受到高速旋转的飞锤打击，蔗渣在冲击、摩擦与搓揉的联合作用下，形成一个高速旋转的蔗渣环，易碎的蔗髓和纤维分离后从筛板的筛孔穿过，经蔗髓出口排出。具有较长纤维的蔗渣不能穿过筛孔，则从蔗渣出口排出。

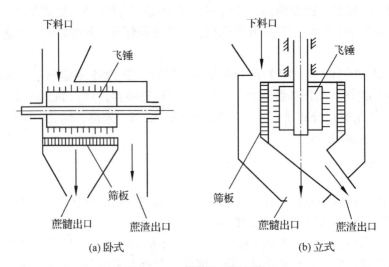

图11-2 蔗渣除髓机结构

除髓率的大小与原料水分、处理量、蔗渣状态、筛孔大小等有关。水分含量高，则除髓率低，筛孔大则除髓率高。除髓率高低应根据生产工艺和产品质量要求来确定。

11.3.2 生产工艺

蔗渣刨花板生产的关键在于蔗渣刨花的制备过程，其拌胶、铺装、热压以及后期处理工序都与普通木材刨花板生产相同。图11-3所示为蔗渣刨花板的生产工艺流程。在糖厂除髓后的蔗渣用打包机压紧打包，运到蔗渣板厂后再用散包机将其拆散打碎备用。由于除髓时蔗渣已破碎，因此不需要进行破碎加工，只需要进行干燥和分选即可，对于个别过粗渣可再碎。

蔗渣碎料板的其他工序基本同于木材刨花板。蔗渣刨花板生产中一般采用脲醛树脂胶，施胶量为6%~12%。对于蔗渣刨花板而言，由于蔗渣中的髓不可能全部除去，蔗髓吸水性很强，因此防水剂的施加尤为重要。防水剂施加量一般为0.5%~1.5%，固化剂施加量为0.5%~1.0%。热压温度与木材刨花板相同，以胶的固化温度为准。采用脲醛树脂胶时，热压温度为135~150℃，热压压力为2.5~3.5MPa。由于蔗渣导热性差，热压时间较长，一般按板厚为1.0~1.2 min/mm。

11.3.3 产品性能

采用上述工艺生产的蔗渣刨花板，当平均施胶量（脲醛树脂）为8%、刨花板密度为

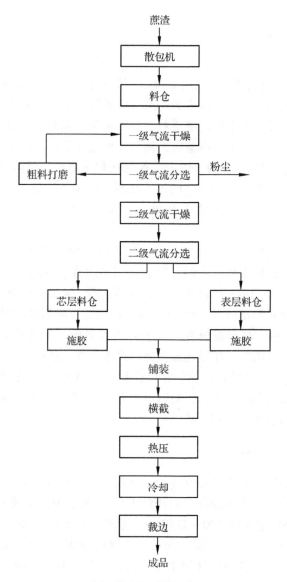

图 11-3 蔗渣刨花板的生产工艺流程

0.65g/cm³ 时，板材性能可以达到国家标准一级品的要求。表 11-5 为蔗渣刨花板的物理力学性能。

表 11-5 蔗渣刨花板的物理力学性能

性能指标	单 位	数 据			
厚 度	mm	8	10	18	19
密 度	g/cm³	0.68	0.69	0.65	0.53
静曲强度	MPa	25.8	18.8	18.9	19.4
内结合强度	MPa	0.55	1.0	0.66	0.52
吸水厚度膨胀率	%	1.23	0.8	2.7	2.2
含水率	%	9.8	8.7	6.1	10.5

11.4 麻屑刨花板

麻屑刨花板(又称麻屑板)是利用原麻茎秆经浸渍、压碾并剥取麻皮后剩余的麻秆碎料加工制成的一种人造板材。麻皮为纺织工业的纤维原料，麻屑则为其副产物，是生产刨花板和纤维板的优质非木材纤维原料。我国种植的麻种主要为亚麻和苘麻。亚麻主要分布在东北的黑龙江，甘肃、内蒙古、新疆等地也有种植，产量仅次于俄罗斯，居世界第二位，亚麻屑年产量达25万t以上。苘麻在我国秦岭、淮河和江南丘陵山地均有分布，尤以长江流域的湖南、湖北、四川、江西、安徽等地更为集中。据不完全统计，在种植苘麻的高峰年，其麻秆产量高达30万t以上。因此，麻屑是人造板工业不可忽视的原料之一。

亚麻屑的几何形状较均匀、规则，多呈瓦片状结构，其物理与化学性能接近于木材，是比较合适的人造板原料。人们早就注意到它的这些特点，在1940年，德国就已开始试生产麻屑刨花板，1948年比利时建成世界上第一家工业化亚麻刨花板厂，此后欧洲相继建成一些亚麻屑刨花板厂，到1973年，欧洲的亚麻屑板产量已达144万m^3。

我国于20世纪70年代开始研究与开发麻屑人造板。80年代我国从波兰引进一条亚麻屑刨花板生产线，随后又相继建成数条国产生产线，这些生产线在工艺与设备方面各有特点，也各自存在一些问题。至90年代初，我国已有10余家亚麻屑刨花板生产线，年设计能力近10万m^3。加上后来引进的几条生产线，到90年代末期，我国亚麻屑刨花板年设计能力已达20多万m^3。

11.4.1 原料

生产麻屑刨花板的原料主要是亚麻屑，系亚麻原料厂加工亚麻时所产生的剩余物。亚麻是一年生草本植物，全国播种总面积约1000万亩，亚麻屑资源很丰富。加工麻纤维的亚麻属于长茎麻，麻茎高600~1250mm，茎粗5~18mm，壁厚0.3~0.6mm，髓腔平均直径0.5mm，为中空状。从横切面看，亚麻由表皮层、韧皮层、形成层、半木质层和髓质层组成。正常成熟的亚麻秆中半木质层重量比约为65%~70%，这是制造麻屑板最有用的部分。表11-6为亚麻各部位的纤维形态与白桦木材纤维的比较。

表11-6 亚麻各部位的纤维形态

形态参数	亚麻根	亚麻秆	亚麻梢	白桦
长度(mm)	1.48	1.96	1.91	1.21
宽度(μm)	56.25	61.25	50.00	18.70
长宽比	26.30	32.00	38.20	65.00

亚麻秆纤维主要是指木纤维，亦包括起纤维作用的细胞。由表11-6可知，纤维长度以茎秆部的最长，根部最短，但仍比白桦纤维长。纤维的宽度茎秆部最大，梢部最小，但均比白桦纤维宽。长宽比为26.3~38.2，低于白桦纤维。因此，从形态上看，

亚麻秆的长度和宽度都较大，且有一定的强度，适合作为刨花板的原料。

11.4.2 生产工艺

麻屑刨花板的生产工艺流程如图 11-4 所示。

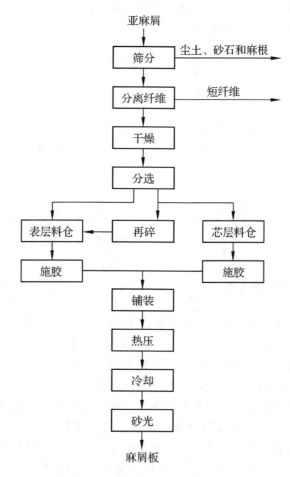

图 11-4 麻屑刨花板生产工艺流程

①原料准备：在亚麻原料厂加工时，将亚麻秆浸渍、压碾加工，分离出亚麻纤维后，亚麻秆在纵向被分离成碎小的亚麻屑。亚麻屑多为矩形颗粒状碎料，一般其长 2~7mm，宽 0.3~1.5mm，厚 0.05~1.8mm。亚麻根部的绝干密度为 0.43g/cm³，秆部的绝干密度为 0.40g/cm³，梢部的绝干密度为 0.36g/cm³，亚麻屑的堆积密度为 0.105g/cm³，含水率为 10%~15%；由于加工时亚麻秆在 32~35℃的温水中浸泡了 40~60h，因此，其 pH 值为 5.0~5.4。亚麻屑表面光滑平整，无须切削加工，但必须除去尘土、砂石和短纤维料。用于生产刨花板的麻屑原料要求如下：

　　　麻屑含量　　　　　　　　　　　　　　　　75%~80%
　　　短纤维含量　　　　　　　　　　　　　　　5%以下

麻根含量　　　　　　　　　　　　　　　　　　　　　　　10%以下
尘土和细沙石含量　　　　　　　　　　　　　　　　　　　12%以下
含水率　　　　　　　　　　　　　　　　　　　　　　　　15%以下

麻屑从麻屑库运至主车间料仓中，先送入滚筒式筛分机内（见图11-5），筛去砂石和尘土，并除去麻根。筛分后的麻屑进入纤维分离机（见图11-6），经过一次或二次纤维分离，除去短麻纤维，以防施胶和铺装时碎料结团，便得到了适合于制麻屑板的相对干净的麻屑。

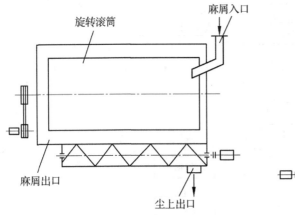

图11-5　滚筒式筛分机

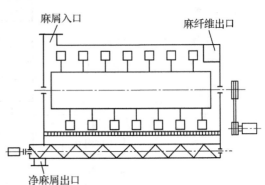

图11-6　纤维分离机

②干燥和分选：采用滚筒式干燥机或转子式干燥机，将净麻屑干燥到含水率为2%~3%，干燥温度一般为140~170℃。由于进入干燥机的亚麻屑含水率较低，因此，亚麻屑干燥时要注意防火。再利用风选机将净麻屑分成表、芯层原料，为了得到足够的表层麻屑，要利用再碎机将一部分芯层料加工成表层料。

③施胶：麻屑的施胶采用与木质刨花板生产中相同的环式拌胶机，一般采用脲醛树脂胶作为胶黏剂。表层、芯层麻屑分别进入表、芯层拌胶机内，与一定量的树脂胶混合，通过搅拌机的高速搅拌达到均匀。亚麻屑的施胶量大于木材刨花板，胶黏剂加入量平均为12%左右。为保证麻屑碎料板有较高的防水能力和尺寸稳定性，通常要多加防水材料，防水剂的加入量一般为1.0%~1.5%。麻屑施胶时加入的是脲醛树脂胶、固化剂和石蜡乳液防水剂的混合液。

④板坯铺装：麻屑板生产过程中的板坯铺装基本同于木材刨花板，一般采用气流铺装机铺装，将施胶麻屑铺成一定规格的渐变结构板坯。

⑤热压：铺装好的板坯送入热压机内加温加压，这一过程基本同于木材刨花板的生产。麻屑碎料板的热压工艺有别于木材刨花板，多采用低温低压的热压工艺。热压温度为147℃，热压压力为1.8~2.2 MPa。麻屑的透气性差，热压时间较木质刨花板稍长，一般按板厚为0.38~0.40 min/mm。

⑥后期处理：热压后的麻屑碎料板裁边后送入通风间，经过3天的通风冷却使板内部的水分及热应力平衡。裁边后的废板边可打碎重新利用。最后用砂光机对麻屑碎料板进行板面砂光。

11.4.3 产品性能

亚麻屑刨花板的性能见表 11-7。

表 11-7 亚麻屑刨花板性能

性能指标		单位	不同密度下的数值			备注
			$0.5\ g/cm^3$	$0.6\ g/cm^3$	$0.7\ g/cm^3$	
含水率		%	6~10	6~10	6~10	—
吸水厚度膨胀率		%	20	20	20	浸水24h
静曲强度		MPa	12	16	18	—
内结合强度		MPa	0.25	0.45	0.56	—
握钉力	垂直板面	N/mm	30	35	60	相对握钉力
	平行板面	N/mm	28	40	50	相对握钉力

11.5 棉秆刨花板

我国是世界产棉大国,黄河流域、长江流域中下游各省及新疆自治区均盛产棉花,有着极其丰富的棉秆资源。棉秆过去大多数用作燃料或任其腐烂,近年已逐渐开发用作人造板原料。

伊朗是世界上最早工业化生产棉秆刨花板的国家,1968 年即已建成规模化生产线。我国于 20 世纪 80 年代初期开始棉秆刨花板的研究,先后在山东、安徽、河北、河南、内蒙古等省(自治区)建成 10 多条 5000~10 000m³ 棉秆刨花板生产线。进入 90 年代以后,又先后从国外引进多条年产 3.0 万~5.0 万 m³ 棉秆刨花板生产线,使我国的棉秆刨花板设计生产能力达到 20 万 m³。

目前,棉秆人造板生产中仍然存在一些问题,特别是在原料供应、收集贮存以及备料工艺设备方面。随着研究的不断深入和生产技术的提高,这些问题将被逐步克服,使棉秆这一丰富的可持续利用资源在人造板工业中得到更广泛和高效的利用。

11.5.1 原料

棉秆为一年生禾本科植物,指已去掉枝叶和棉桃的棉花茎秆部分。从棉秆的横切面来看,棉秆由三部分组成:木质部分占 72%,髓心占 2%,皮层占 26%。棉秆的木质部分是其主体部分,其化学成分及含量接近于阔叶材。棉秆的气干密度约 $0.32g/cm^3$;强度较低,仅为木材的 50% 左右;全纤维素含量低,水抽提物含量高,pH 值为 6.0~6.3。棉秆的皮层为韧皮纤维,其纤维长、韧性强、重量轻,加工后成麻状纤维,相互间附着力强,易于结团,这些特征给棉秆破碎、输送、干燥、拌胶和铺装等工序带来了困难。另外,棉秆皮层的吸湿率比木质部高 70%,它的存在会使棉秆刨花板的耐水性下降。因此,在生产中要设法除去棉秆皮层。

此外,棉秆表皮和根部往往附着大量泥沙,如不清洗除去,将影响板材的强度和质量，并在工艺上造成不良影响。

11.5.2 生产工艺

棉秆刨花板的生产工艺过程也与木质刨花板的生产过程类似，主要区别在于原料的贮存和刨花制备工序。图11-7所示为棉秆刨花板的生产工艺流程。

①原料准备：经过整理的棉秆原料运到工厂的贮料场，先用切草机将棉秆切成20～40mm长的圆柱形棉秆段。棉秆切断时的含水率应控制在15%以下，因为棉秆越干则越脆，含水率低可以提高切断率。将棉秆段送入筛分工序，筛去杂质和尘土。刨片工序选用一般的环式刨片机即可，为了提高合格碎料制得率，在刨片前最好对原料进行加湿处理，使其水率达到20%～25%。通过专用的碎料分离设备，将韧皮纤维和木质部分离开，木质部送入料仓备用。

②干燥与施胶：棉秆刨花的干燥和施胶与木材刨花基本相同。棉秆质轻孔隙多，易于干燥，可采取较低的温度和较短的干燥时间。干燥后的含水率控制在4%～7%。过干的刨花对胶液吸收强烈，还会在拌胶时增加破碎率。此外，干燥设备的进料、容量等也应适应棉秆原料的特点。棉秆的强度低，施胶量一般比木材刨花板要高，约14%左右。棉秆的吸水性也比木材强，故石蜡防水剂的用量也要高，一般为2.5%左右。

③板坯铺装：棉秆刨花板生产多层板比生产单层板要好，特别是单层薄板尤为不利，抗弯强度低，这是由于棉秆自身强度低造成的。棉秆刨花板铺装最好采用机械铺装，因为刨花中混入的韧皮纤维对气流铺装的正常操作会产生不良影响，严重时甚至会造成停产。

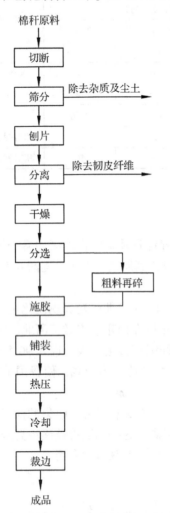

图11-7 棉秆刨花板生产工艺流程图

④热压：棉秆刨花的密度小，压制同样厚度的刨花板，棉秆刨花板坯的厚度要比木材刨花板坯大1.6～1.8倍。因此，压机开档要增大。此外，因其孔隙率大，传热较慢，棉秆刨花板热压周期比木材原料长。棉秆刨花板的热压温度一般为170～190℃，热压压力为2.5～3.4 MPa，热压时间按板厚为15～20s/mm。

11.5.3 产品性能

采用上述生产工艺，利用棉秆原料可以制造出符合我国木质刨花板标准要求的棉秆刨花板产品。表 11-8 为某企业生产的棉秆刨花板的物理力学性能。

表 11-8　棉秆刨花板的物理力学性能

类　别	含水率 (%)	密度 (g/cm³)	静曲强度 (MPa)	内结合强度 (MPa)	吸水厚度膨胀率 (%)
国标值(一等品)	5.0~11.0	0.50~0.85	≥18	≥0.40	≤6.0
测试值	9.07	0.74	23.1	0.90	5.57

本章小结

　　世界性森林资源的短缺，造成木材供应日趋紧张，合理利用丰富的非木材植物资源，是弥补木材资源不足、促进人造板工业发展的重要途径。20 世纪初国外就已开始利用非木材植物原料制造人造板，我国开发非木材植物原料生产人造板始于 20 世纪 50 年代末。麻秆是世界上最早用于人造板生产的非木材植物原料之一。实践证明，芦苇、竹子、甘蔗渣、麦秸、稻草、棉秆、豆秸、玉米秆、油菜秆、烟秆等均可作为生产刨花板的原料。采用合理的生产工艺和设备，可以制造出性能优良的刨花板产品。

思　考　题

1. 什么非木材植物刨花板？
2. 试述非木材植物刨花板的分类和原料特点。
3. 非木材植物刨花板与普通木材刨花板在生产工艺上的主要区别有哪些？
4. 简述麦秸(稻草)刨花板的生产工艺。
5. 简述蔗渣刨花板的生产工艺。
6. 简述麻屑刨花板的生产工艺。
7. 简述棉秆刨花板的生产工艺。

第 12 章
无机胶黏剂刨花板

无机胶黏剂刨花板是以无机材料为胶黏剂，以木材（或非木材植物）刨花为原料制造的一类刨花板产品。与传统的木质刨花板生产工艺相比，无机胶黏剂刨花板具有原料来源广泛、生产工艺简单等特点，但一般对木材树种具有选择性。无机胶黏剂刨花板具有许多木质人造板所不具有的优点，如不燃、抗冻、耐腐和无游离甲醛释放等，是一类有发展潜力的新型结构人造板。本章介绍了水泥刨花板和石膏刨花板的原料、复合机理、制造工艺和产品性能，并对矿渣刨花板、粉煤灰刨花板和菱苦土刨花板进行了简介。

无机胶黏剂刨花板，就是将水泥、石膏等无机胶凝材料和木材（或非木材植物）刨花按一定比例混合后，热压或冷压制成的一类人造板材，产品往往兼有木材和无机材料的性质。目前，水泥刨花板和石膏刨花板已在许多国家投入了工业化生产。

与传统的木质刨花板生产工艺相比，无机胶黏剂刨花板具有以下特点：

①原料来源广泛。作为无机胶黏剂的水泥、石膏、矿渣和粉煤灰几乎在我国各地都不难找到，高标号水泥在我国大多数水泥厂均可生产，我国不少地方贮存有高品位的石膏矿，矿渣可以经炼钢厂产生的炉渣精加工而获得，粉煤灰从发电厂锅炉排放物而来，总体上讲，无机胶黏剂的成本比较低。

②生产工艺过程相对简单。无机胶黏剂刨花板生产过程与木质刨花板相似，除矿渣刨花板外，一般不需要干燥工序。无机胶黏剂刨花板分冷压和热压两类工艺。冷压法可省掉庞大的加热系统。当然，无机胶黏剂刨花板生产常需要配备养护系统。

③对木材原料有专门要求。木材由纤维素、半纤维素和木质素组成，而无机胶黏剂浆料多为碱性，碱能使半纤维素发生水解而形成糖，对无机胶黏材料的凝固硬化产生不良影响，产生所谓的阻凝作用，因此，要选用那些阻凝影响小的树种，也可以通过对木材原料进行热水抽提和化学抽提来消除阻凝影响。

无机胶黏剂刨花板具有许多木质人造板所不具有的优点，如不燃、抗冻、耐腐和无游离甲醛释放等，被认为是一类有发展潜力的新型结构人造板。

12.1 水泥刨花板

水泥刨花板是一种新型的轻质建筑材料（与砖和混凝土相比），是以水泥和木材刨花为主要原料，加入适量的水和化学添加剂搅拌后，经铺装、加压、成型、养护、锯边和调湿处理等工序而制成的一种人造板材。

12.1.1 水泥刨花板的分类

按照不同的分类方法,水泥刨花板的种类见表 12-1。

表 12-1 水泥刨花板的种类

分类方法	品 种
按板材密度分	低密度水泥刨花板:密度在 500~700kg/m³ 之间
	中密度水泥刨花板:密度在 750~900kg/m³ 之间
	高密度水泥刨花板:密度在 1000~1300kg/m³ 之间
按板材结构分	渐变结构
	三层结构
	定向结构
按表面形状分	平面型水泥刨花板
	浮雕型水泥刨花板

12.1.2 水泥刨花板构成机理

水泥中主要成分为硅酸钙等,当用一定量的水与其发生作用后,二者进行水化反应,产生水泥浆体系统放热、凝固和机械强度增长等一系列现象。随着水化作用的持续进行,水泥浆体逐渐减小并失去流动性,可塑性越来越小。这一过程称为凝结过程。通常把凝结过程分为初凝和终凝两个阶段,初凝阶段表示水泥浆体开始失去可塑性并凝聚成块但尚不具有机械强度这一过程;终凝阶段表示水泥浆体进一步失去可塑性,产生机械强度并可抵抗外加载荷的过程。达到终凝阶段以后,水化作用仍在继续进行,水分进一步被吸收,凝聚体机械强度进一步提高,结构被固定下来,这一阶段称为硬化过程。木质刨花、水泥和水混合后,同样发生如上所述的变化。用放热—时间曲线可以说明水泥刨花板的硬化过程(见图 12-1)。在该曲线中,把整个硬化过程分为起始期、诱导期、加速期和衰退期等几个阶段。

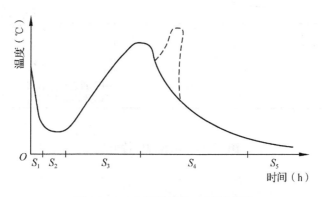

图 12-1 水泥的放热—时间曲线

S_1：起始期。发生在水泥与水混合初期，反应相对较快，但持续的时间比较短，一般仅有 4~5min。

S_2：诱导期。发生在水化反应开始后 1.5~2.0h 内，反应速度比较缓慢，浆体开始失去流动性和部分可塑性，水泥的初凝阶段起于诱导期末。

S_3：加速期。在这一阶段浆体有较多的化学生成物，完全失去可塑性，达到一定的强度。水泥的终凝阶段起于加速期初。

S_4：衰退期。水泥浆体趋于硬化。水化反应的情况可以通过测定水化热来进行考察。水泥在水化过程中放出的热称为水泥的水化热。水化放热量和放热速度决定于水泥的矿物成分、水泥细度、水泥中所掺的混合材料、外加剂的品种及数量。水泥水化热通常用国家标准规定的方法进行测定。

水化反应的特征也可以用最大温差和到达时间来分析(见图 12-2)。木材与水泥混合物和纯水泥的水化反应特性是完全不同的。添加了木刨花后，会阻碍系统水化反应的进行。具体表现在到达时间的延长和最大温差的降低。究其原因，在于木材中的糖类抽提物以及半纤维素生成的糖类物质对水化反应产生了副作用。通过添加化学助剂，可以使有些本来不适合制作水泥刨花板的树种有可能用于制板。一般认为，添加化学助剂后，最高水化温度至少要达到 50℃，达到 60℃最佳。

树种对于制造水泥刨花板的影响较大，考察木材与水泥相容性的最终标准是测定水泥刨花板的性能。

用于制造水泥刨花板的水泥应满足凝固时间短、水化热大、早期温度高等要求，一般多用硅酸盐水泥，标号应不低于 425。表 12-2 给出了三种水泥的特性和标号。

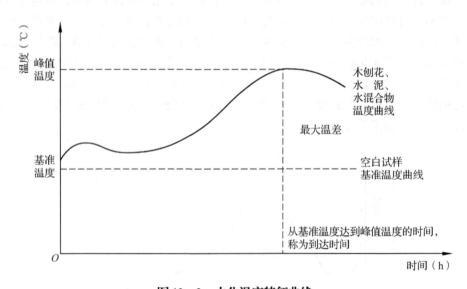

图 12-2　水化温度特征曲线

表 12-2　三种水泥的特性与标号

指　标	硅酸盐水泥	普通硅酸盐水泥	矿渣硅酸盐水泥
主要成分	以硅酸盐熟料为主,不掺混合材料	在硅酸盐熟料中掺入不超过水泥重12%的混合材料	在硅酸盐水泥熟料中,掺入占水泥重20%~70%的粒化高炉矿渣
特点	①硬化快,强度高;②水化热较大;③耐冻性较好;④耐腐蚀与耐水性较差	①早期强度高;②水化热大;③耐冻性较好;④耐腐蚀与耐水性差	①早期强度低,后期强度增长较快;②水化热较小;③耐冻性差;④耐硫酸盐腐蚀及耐水性较好;⑤抗碳化能力差
密度（g/cm³）	3.0~3.15	3.0~3.15	2.8~3.10
堆积密度（kg/m³）	1000~1600	1000~1600	1000~1200
标号和类型	425、425R、525、525B、625、625R、725R	275、325、425、525、525R、625、625R、725R	275、325、425、425R、525、525R、625、625R、725R

12.1.3　水泥刨花板生产工艺

水泥刨花板一般采用冷压法,采用此法所需的加压时间长,为改善这一状况,发明了二氧化碳注入法,实现了缩短加压时间的目的。也有用热压法生产水泥刨花板的试验报道,但目前在工业化生产上仍以冷压法为主。图12-3所示为水泥刨花板生产工艺流程。

①备料:备料分两个步骤。第一步为原料树种选择,需通过试验,挑选那些与水泥相容性好的树种,对于相容性不太好的树种,可考虑添加化学助剂进行改性。试验证明可选用杨木、落叶松等树种,原料须经剥皮。第二步为刨花制备,视原料的类型不同,制取的工艺也各不相同。若是小径级原木,采用先刨片再打磨工艺;若是枝桠材或加工剩余物,采用先削片再环式刨片工艺;若是工艺刨花,采用锤式再碎工艺。制取的刨花经过筛选后使用,分成表层用的细刨花和芯层用的粗刨花,刨花尺寸为长度20mm左右,宽度4~8mm,厚度0.2~0.4mm。制备好的刨花被送入料仓备用。在生产水泥刨花板时,刨花不需要干燥。刨花制备所用的设备与木质刨花板制备时所用的基本相似。

②搅拌:搅拌工序一般为周期式加工,在搅拌时按照一定的比例加入五种材料,即合格刨花、填料、水泥、化学助剂和水。填料可以是经振动筛出的细料与锯屑,用量不超过合格刨花用量的30%。水泥可以是硅酸盐水泥,也可以为矿渣水泥。化学助剂的作用是克服木材中有些成分对水泥的阻凝作用,促进水泥早强快凝,三氯化磷、硫酸钙、氯化钙、氟化钠和二乙醇胺等均可作化学助剂使用。生产水泥刨花板时各组分所占的比例一般为:水泥占60%~70%,刨花(含填料)占20%~30%,另含适量的化学助剂。搅拌后的浆料输入计量料仓,再送入铺装机。

③铺装:水泥刨花板的铺装与普通木质刨花板基本相同,有气流式和机械式两种,小规模生产用两个铺装头,较大规模生产用三个铺装头。两台气流式铺装机铺装表层,一台机械式铺装机铺装芯层,得到表层细中间粗的渐变结构板坯。刨花被直接铺在钢垫

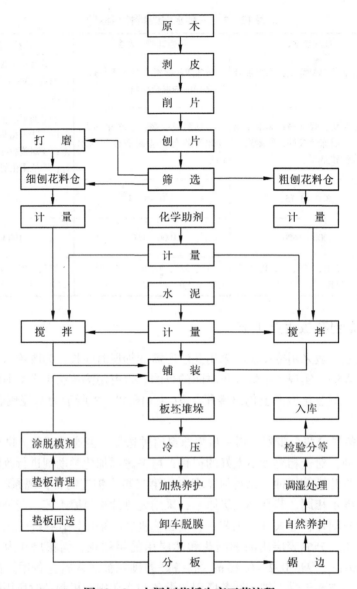

图 12-3 水泥刨花板生产工艺流程

板上,钢垫板两端彼此首尾相搭,为避免粘板,钢垫板表面涂有脱模剂。水泥刨花板采用成垛加压,加压之前,用堆板机将板坯和垫板逐张整齐地堆放在横悬车上,一次堆垛 20~60 张,然后将堆满板坯的横悬车推入压机内。

④加压:板坯在一个特制的压机中加压,成堆的板坯连同垫板被推入压机后,压机启动下落,压机上部是横悬车的上横板,板坯被压缩到一定厚度后,使上横板与压机脱开并与横悬车的下横板锁紧,然后卸压,将横悬车拉出压机,此时板坯上的压力为 2.5~3.5MPa。一般压机闭合速度为 200mm/s,加压速度 25mm/s,加压时间 15min。

⑤加热养护:将装有板坯的横悬车推入养护室,进行养护,温度 70~90℃,时间 8~14h,一般加热养护后,可达到 50% 的最终湿度。

⑥后期处理：完成加热养护的板坯连同横悬车被推入压机，卸下保压杠杆，用真空吸盘装置将毛板与垫板分离，完成纵横锯边，再在室温下堆垛自然养护14d，达到80%的最终强度。如果对板子作调湿处理，将板子含水率调至当地平衡含水率，则可提高强度和尺寸稳定性。最后根据有关标准对板材进行检验、分等、包装及入库。

12.1.4 影响水泥刨花板性能的因素

水泥刨花板与木质刨花板尽管所用胶凝材料不同，但影响产品性能的许多因素是相似的，如产品密度、刨花形状、铺装结构及加压要素等都对板材性能有影响，本节不再重复介绍。对水泥刨花板来说，影响其性能的个性因素主要有以下四方面：

①木材树种：由于木材中的糖分严重阻碍水泥凝结硬化，因此，在相同条件下，用含糖量高的木材树种生产的水泥刨花板的物理力学性能，要比用含糖量低的木材树种生产的水泥刨花板的物理力学性能差。而部分含糖量高的木材用常规工艺甚至无法制成板材。

含糖量很低的树种有云杉、冷杉、圆柏、杨木等，是最适于作原料的树种；含糖量较低的树种有南洋杉、柳木、红松、椴木、桦木等，是适于作原料的树种；含糖量高的树种有落叶松、槭木等，不适于作水泥刨花板的原料。

木材的含糖量还与树干部位(心材高于边材、枝桠材高于树干材)、采伐季节(春伐材高于冬伐材)、运输方式(陆运陆存材高于水运水存材)和贮存时间(短贮材高于长贮材)等因素有关。在工艺上可以通过一系列措施来降低木材的含糖量，如延长贮存时间、采用水运水存、进行蒸煮处理、提高水泥用量和施加化学助剂等。

②灰木比：指的是水泥和刨花的比例。增加水泥用量，可以提高水泥刨花板的耐候性、阻燃性，减小板材的吸水厚度和线性膨胀率，但会导致板材的力学强度下降。因此，可根据原料和成品使用情况来确定灰木比和板材密度。如室外用板材，其灰木比可取 2.3~3.0，板密度可取 1200~1300 kg/m³；室内用板材，灰木比可取 1.5~2.0，板密度可取 1000~1100 kg/m³。表 12-3 给出了灰木比与板材静曲强度的关系。

③水木比：即水与刨花的用量比。水木比过大，在搅拌时易结团，铺装时很难将物料均匀地散开，加压时甚至挤出水分，很可能降低板材的质量。如果水木比过小，水泥

表 12-3 灰木比与板材静曲强度的关系

密度 (kg/m³)	静曲强度(MPa)					
	灰木比					
	1.0	1.5	1.8	2.0	2.3	2.5
900	5.5	5.3	4.9	4.4	4.0	—
1000	—	8.6	6.6	5.9	6.3	—
1100	11.8	11.2	9.3	8.7	8.9	—
1200	—	—	—	11.1	—	10.2

注：试验条件——树种为桦木；水泥为525号普通硅酸盐水泥；板厚为12mm；水灰比为0.55；养护条为75；表中为28d的静曲强度。

不能全部黏附于湿刨花表面，搅拌不匀，铺装时水泥会飞失，也会影响板材质量。最低用水量必须保证水化所需的水分，保证均匀搅拌和铺装；最大用水量必须保证加压时不会榨出水分。此外合适的水木比还与灰木比有关，它随灰木比增加而增加，反之亦然。水木比与灰木比的关系见表12-4。

表12-4　合适的水木比与灰木比关系

水木比	灰木比	水木比	灰木比
1	1.5	1.6~1.8	3
1.1~1.6	2~2.5	1.8~2.0	4

④养护处理条件：养护处理与板材性能关系极大。高温养护可提高早期强度，缩短养护时间，但不利于后期强度增长，导致板材终强度降低。低温养护虽对提高板材最终强度有利，但需较长的养护时间，增加生产成本。要根据木材树种、水泥品种、灰木比以及化学助剂类型和用量来确定养护条件。在进行恒温恒湿处理时，虽然处理温度和时间对板材力学强度没有明显影响，但处理温度高于90℃时，会导致板材翘曲变形。

12.1.5　水泥刨花板的性能

水泥刨花板兼有水泥和木材的优点，具有良好的力学性能、阻燃性能、耐腐和耐候性能。除此之外，水泥刨花板还具有良好的机械加工和表面装饰性能，可锯、可钻、可进行各种表面装饰，如喷灰浆、刷油漆涂料以及进行贴纸、塑料贴面或薄木贴面等。

水泥刨花板作为一种建筑材料，许多国家都颁布了专门的检验标准。需检测的性能指标远多于木质刨花板。表12-5对比了中国、德国和日本三个国家的水泥刨花板的物理力学性能。

表12-5　国内外水泥刨花板的物理力学性能对比

指标名称	中　国	德　国	日　本
幅面(mm×mm)	900×2850	1250×(2600~3200)	910×(1820~2730)
厚度(mm)	12±1	(8~40)±1	12±1；18±2
密度(kg/m^3)	1100~1200	约1200	900以上
含水率(%)	10~12	12~15	15以下
抗折强度(MPa)	90~120	100~130	100
抗拉强度(MPa)	35~50	50	36左右
抗压强度(MPa)	10.0~15.0	10.0~15.0	10.0左右
内结合强度(MPa)	0.4~0.6	0.4~0.6	—
弹性模量(MPa)	—	4000~5000	3000
抗冲击性(kg·m)	2	—	3
吸水率(%)	气干—浸水24h：<20；绝干—浸水水饱：约35	绝干—浸水饱和：40	气干—浸水24h：约12

(续)

指标名称	中 国	德 国	日 本
吸水(湿)线膨胀率(%)	气干—浸水 24h：0.10～0.15；绝干—浸水 24h：0.3～0.4	20℃、相对湿度 20%～90% 下吸湿：0.3～0.4	气干—浸水 24h：0.12
透水性	24h 不透水	—	24h 不透水
抗冻性	50 次冻融循环(±20℃)，强度不变	150 次冻融循环(±20℃)，强度不变	100 次冻融循环，强度几乎不变
导热系数 [W/(m·K)]	0.129～0.138	0.133	0.112
隔声性能(dB)	12mm 厚：31；复合板(12-中空 90-12)：>50(1000Hz)	12mm 厚：32	12mm 厚：34；复合板(12-中空-12)：>49(1000Hz)
阻燃性能	复合板(12-90-12)耐火极限 30min	类似不燃性材料	准不燃材料

12.1.6 水泥刨花板的应用

水泥刨花板作为一种新型的建筑材料，具有良好的机械加工和表面装饰性能，以及具有质量轻、耐菌虫侵蚀和阻燃等优良性能，主要用在以下方面：①作非承重内外墙板，水泥刨花板可与木龙骨、轻钢龙骨制成 10～14cm 厚的复合墙板，在大大减轻墙体重量的同时，还可增加建筑物的使用面积；②作屋面板与天花板；③作地板与橱柜；④作封檐板和通风管道；⑤建造活动房屋。

12.2 石膏刨花板

石膏刨花板是以石膏为胶凝材料，以木质刨花做骨料经压制而成的一种建筑人造板材，在世界上已有较长的生产历史。石膏刨花板作为一种建筑材料得到广泛的应用。早期的石膏刨花板是用湿法工艺生产的，需要掺和大量的水，该方法生产周期长，消耗热量多。德国的科学家发明了用半干法生产石膏刨花板的技术，并在工业生产上得到推广。

目前，我国利用引进设备和国产设备已建成多条石膏刨花板生产线。

12.2.1 石膏刨花板构成机理

石膏刨花板是由石膏与木质刨花在其他化学助剂的作用下形成的复合体。作为主要原料的建筑石膏主体成分为半水石膏($CaSO_4 \cdot 0.5H_2O$)，是由石膏矿石[主体成分为二水石膏($CaSO_4 \cdot 2H_2O$)]经焙烧得来的，或用生产磷酸和磷所产生的废石膏煅烧得来。石膏矿石根据熔化温度和熔化时间不同可划分为半水石膏、Ⅲ型无水石膏($CaSO_4$Ⅲ)和Ⅱ型无水石膏($CaSO_4$Ⅱ)，其中只有半水石膏才适于生产石膏刨花板。为了保证石膏刨花板的质量，用于制板的建筑石膏中半水石膏含量不得低于 75%。

石膏矿石经煅烧转化为半水石膏的反应方程式如下：

$$CaSO_4 \cdot 2H_2O \xrightarrow{170\sim207℃} CaSO_4 \cdot \frac{1}{2}H_2O + 1\frac{1}{2}H_2O$$

石膏刨花板的制造原理是基于半水石膏与水发生作用，产生凝结和硬化。建筑石膏与水混合后，很快引起如下化学反应：

$$CaSO_4 \cdot \frac{1}{2}H_2O + 1\frac{1}{2}H_2O \longrightarrow CaSO_4 \cdot 2H_2O$$

上述反应使半水石膏变成二水石膏。半水石膏加水后首先溶解，由于二水石膏的溶解度高于半水石膏的溶解度，导致一部分二水石膏不断地从饱和溶液中析出，形成胶体微粒，二水石膏的析出，破坏了原先半水石膏的平衡溶解度，引起半水石膏的再溶解和二水石膏的再析出，二水石膏胶体微粒逐步转变为晶体，石膏因此失去塑性。随着水分蒸发，胶体增加，石膏逐步硬化，形成足够的强度。石膏在木质刨花中起到了一种胶黏剂的作用，木质刨花也提供了增加石膏强度和韧性的功能。为了优化工艺条件，一般在石膏刨花板中还加入促凝剂或缓凝剂。

科学地控制好石膏的水化速度是非常重要的，过快或过慢均将引起不良后果，可以借助差热分析仪确定水化时间。

12.2.2 石膏刨花板的原材料

制造石膏刨花板的主要原料为植物纤维材料、石膏和化学添加剂。

①植物纤维材料：同制造普通刨花板一样，植物纤维材料（包括木材原料和非木材植物纤维原料）是主体原料。一般说来，用于制造石膏刨花板的木材原料材种要求密度较低、强度较高、树皮含量和木材中抽提物含量较低，工业生产中多用针叶材或软阔叶材。竹材、农作物秸秆等也可以用来生产石膏刨花板，但所采取的工艺条件与采用木材原料时有所区别。

②石膏：制造石膏刨花板所用的石膏主要为建筑石膏，可在市场上购买。为了保证获得良好的工艺特性和产品性能，石膏必须满足一定的质量要求，如半水石膏含量不少于75%，二水石膏含量少于1%，结晶水含量为5%~6%，pH值6~8，无水石膏Ⅲ含量少于10%，无水石膏Ⅱ含量少于2%，石膏粉细度不小于0.2mm。

③化学添加剂：化学添加剂的作用在于调节石膏的水化速度。石膏水化速度除受石膏原料本身性能影响外，还与木材树种和刨花形态等因素有关。因此，为了满足生产工艺要求，常加入化学添加剂来调整水化速度。

为了防止石膏过早水化而影响板材强度，生产中必须加入缓凝剂，常用的有硼酸、亚硫酸盐酒精废液、柠檬酸等。当工艺要求半水石膏浆体加速水化时，可加入促凝剂，常用的有氯化钠、氟化钠、硫酸钠等。

掌握合适的化学药剂添加量，是合理把握水化速度的关键。为了保证有足够的工艺操作时间及获得理想的板材强度，一般在加水后约30min半水石膏产生初凝为佳。

12.2.3 石膏刨花板生产工艺

石膏刨花板的制造工艺与水泥刨花板类似，所不同的是石膏刨花板养护时间短，一

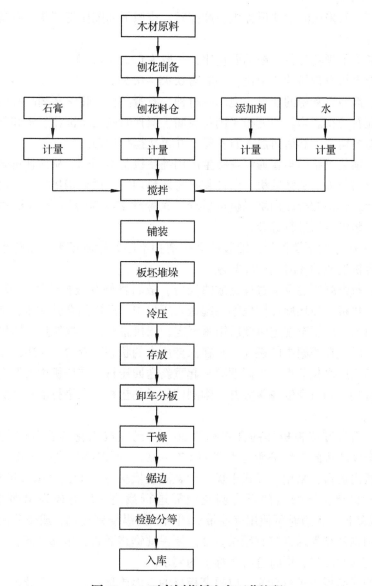

图 12-4 石膏刨花板生产工艺流程

般只需 2～3 h 即可。石膏刨花板生产亦采用冷压工艺，生产工艺流程如图 12-4 所示。

①原料准备：根据工艺要求选用合适的木材原料。如果原料为小径级的原木，应尽可能剥皮；如果原料为枝桠材，无法剥皮，应在削片或刨片后将树皮筛除。木材原料含水率应保持在 50% 左右，进厂原料应按树种分开堆放，保证有良好的通风和排水设施。

刨花的制备是关系到板材性能的重要因素，刨花形态以薄片状为佳，厚度以 0.2mm 为宜。刨花制备设备与普通刨花板生产相同。如果原料为小径级原木，宜采用刨片机；如果原料为枝桠材或加工剩余物，宜采用削片机和环式刨片机。为了清除木材中可能影响石膏水化的抽提物，常常用浸渍法对木材进行抽提处理。

②搅拌：一般采用间歇式搅拌机。搅拌时，按照下列配比将刨花、石膏、水和化学添加剂混合在一起。

木膏比指绝干刨花与石膏粉的质量比，一般为 0.25 ~ 0.40；

水膏比指水与石膏粉的质量比，一般为 0.45 ~ 0.55；

化学添加剂与石膏粉的质量，视木材材种、石膏品种、化学药剂品种而异。

为了保证石膏粉能均匀地分布于刨花表面，搅拌时应先将刨花、水和化学添加剂送入搅拌机内搅拌均匀，然后再放入石膏粉，并再次搅拌均匀。

③铺装：铺装机结构与普通刨花板生产用铺装机基本相似。从搅拌机来的混合料经中间料仓连续均匀地送到铺装机，由铺装机将坯料均匀地铺在钢垫板上，已铺有板坯的垫板经称重后，合格的板坯由堆垛机堆成垛，每垛约 20 ~ 80 张。不合格的板坯则由专用设备送回铺装机重新进行铺装。

垫板为 4mm 厚的不锈钢板，铺装前必须清扫干净并涂脱模剂，以防止粘板。常用的脱模剂为废机油或钻孔时用的冷却液。

④加压：石膏凝固的反应过程是放热反应，故石膏刨花板板坯加压采用冷压方式。堆放整齐的带垫板的板坯垛连同框架一起送入压机中，压机闭合并加压，加压压力一般为 1.5 ~ 3.0MPa。待压至规定厚度后锁紧固定，压机张开，将框架拉出压机。

⑤堆垛：固定在框架中的板坯，需在保持压力的状态下存放 2 ~ 3h，使石膏达到水化终点。将已完成水化的板坯连同框架一起重新送回压机，在压机中打开框架，然后送到分板机，将垫板和石膏刨花板分开。刚刚使用过的垫板必须进行清扫并涂脱模剂，以便再次使用。

⑥干燥：石膏刨花板板坯的含水率约 30%，已完成水化的石膏刨花板含水率约 15%，但石膏刨花板的天然平衡含水率为 1% ~ 3%，所以必须进行干燥。石膏刨花板干燥在干燥机内进行，采用三段式干燥，干燥温度依次为 180℃、120℃和 80℃。

⑦裁边和砂光：干燥后的石膏刨花板需进行裁边，最终成为幅面为 1220mm × 2440mm 的成品板，裁边时可使用普通带双圆锯片的纵横锯边机，或带分割锯片的联合裁边机组。圆锯片锯齿通常镶有硬质合金。要保证锯路通直，边部平齐，无塌边、缺角等缺陷，长度和宽度尺寸应符合有关标准的要求。

裁边后的成品板需进行砂光，以提高板材的表面质量，有利于后续的二次加工。砂光多采用定厚砂光机。

12.2.4 影响石膏刨花板性能的因素

影响石膏刨花板性能的工艺因素主要有原料树种、刨花形态、原料配比等。

(1) 树种

不同树种，水抽提物成分和含量均不相同。如图 12-5 所示，不同树种的木材刨花达到水化终点所需的时间不一样（相对水化终点，以云杉为 100%），所得板材的静曲强度也不尽相同（见图 12-6）。一般说来，阔叶材树种及含树皮的木刨花达到水化终点所需时间相对较长。

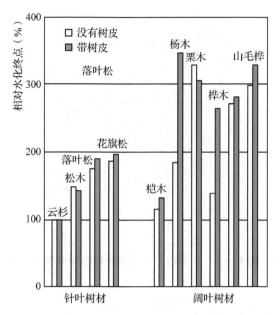

图12-5 树种对石膏刨花板水化终点的影响　　图12-6 树种对石膏刨花板静曲强度的影响

(2) 刨花形态

主要涉及刨花厚度的影响。随着刨花厚度增加，石膏刨花板的静曲强度急剧下降，见表12-6所示。

表12-6　刨花厚度与石膏刨花板强度的关系

性能指标	刨花厚度(mm)			
	0.15	0.20	0.30	0.40
板密度(kg/m³)	1150	1140	1080	1140
静曲强度(MPa)	7.7	7.8	6.3	5.9
静曲弹性模量(MPa)	2300	2830	2880	2860
抗剪强度(MPa)	1.46	1.64	1.43	2.30

(3) 原料配比

①木膏比：在一定范围内，石膏刨花板的静曲强度随木膏比的增加而有所提高，达到一定数值后再下降(见图12-7)。

②水膏比：水膏比影响半水石膏结晶过程和结晶形状，水膏比与板材静曲强度关系如图12-8所示，其中 R 为板密度，单位 kg/m³。

③原料混合后放置时间：原料混合后如放置时间过长，半水石膏即开始水化，如不及时加压，就可能形成松散的石膏结晶，后续再行加压，有可能使结晶受到破坏，造成板材强度下降(见图12-9)。

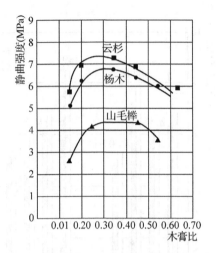 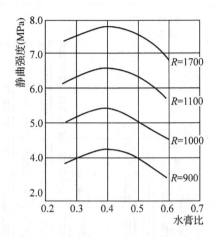

图 12-7　木膏比与石膏刨花板静曲强度的关系　图 12-8　水膏比与石膏刨花板静曲强度的关系

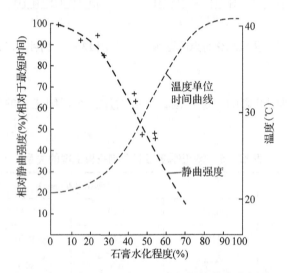

图 12-9　石膏水化程度、温度和板静曲强度的关系

12.2.5　石膏刨花板的性能

石膏刨花板具有较高的力学性能和较好的阻燃性能，其阻燃性能随板材中木材和石膏的比例不同而有所不同，属难燃到准不燃级建筑材料，随着木材所占比例的增加，板材阻燃性能降低。除此以外，石膏刨花板还有着良好的机械加工和表面装饰性能，可锯、可钻、可钉，以及粘贴薄木或塑料贴面，并且无游离甲醛释放。石膏刨花板的缺点是耐水性较差。

石膏刨花板物理力学性能依据有关标准进行检验。表 12-7 为德国工业标准（DIN）中石膏刨花板的主要检测内容。

表12-7 石膏刨花板物理力学性能要求(DIN)

项 目	单 位	指 标	项 目	单 位	指 标
密度	kg/m³	1000~1200	吸湿线膨胀率(20℃)(相对湿度30%~85%)	%	0.06~0.08
含水率	%	2~3	热传导率	%	0.18~0.35
静曲强度	MPa	6.0~10.0	水蒸气辐射阻力系数	W/(m·K)	16.0~18.0
静曲弹性模量	MPa	2800~4200	2h吸水厚度膨胀率	%	0.2~1.5
平面抗拉强度	MPa	0.50~0.70	24h吸水厚度膨胀率	%	1.6~2.2
表面结合强度	MPa	0.60~1.00			

12.3 其他无机胶黏剂刨花板

12.3.1 矿渣刨花板

矿渣是炼铁过程中产生的废渣，高炉冶炼生铁时，为了控制温度，常加入石灰石和白云石作熔剂，在高温下分解后，得到密度为1500~2200 kg/m³的液渣，浮在铁水上面，成分为氧化铁、氧化钙、硫酸钙、硅酸铁与硅酸钙，定期从排渣口排出，冷却后成为矿渣。其主要由玻璃质组成，表现出凝胶性能，矿渣中所含的玻璃质越多，矿渣的活性越高。由于检测玻璃质含量比较困难，一般用测量矿渣化学成分含量计算F值和K值的方法来评价矿渣的活性程度，算式如下：

$$F = \frac{CaO含量 + MgO含量 + Al_2O_3含量}{SiO_2含量}, \quad K = \frac{CaO含量 + MgO含量 + Al_2O_3含量}{SiO_2含量 + MnO含量}$$

如果$F>1$，可作为矿渣刨花板的原料；如果$K>1.6$，说明矿渣的活性较好。

(1) 矿渣刨花板生产特点

矿渣刨花板的生产过程与水泥刨花板生产过程相似，主要区别在以下两点：

①用于生产矿渣刨花板的木刨花须经干燥，而生产水泥刨花板不需干燥；

②水泥刨花板一般用冷压方法生产，而矿渣刨花板一般需要热压。

矿渣刨花板生产过程如下：从炼铁厂取回矿渣，用5mm筛网进行粗筛，过筛后的矿渣送入盘磨机，粗磨至1mm左右，再送入球磨机精磨，并用振动筛分选出合适的粉末。

木材刨花可采用普通刨花板刨花的制备方法，刨花干燥后的含水率为3%~5%。接着把矿渣、刨花、水、活性剂(水玻璃或NaOH)按照一定的比例在搅拌机内充分混合，再进行铺装、热压、裁边、砂光等工序，便可得到最终产品。

(2) 矿渣刨花板的性能

在生产矿渣刨花板时，必须重视影响工艺条件和板材性能的有关因素，包括矿渣粉末的粒径、用水量、原料配比、活性剂用量等。

矿渣刨花板的性能与水泥刨花板相似，见表12-8。

表 12-8　矿渣刨花板的物理力学性能

性能指标	单位	数值
密度	kg/m³	1200~1400
静曲强度	MPa	10~14
弹性模量	MPa	4000~5000
内结合强度	MPa	0.3~0.6
吸水厚度膨胀率	%	1~3

表 12-9　粉煤灰刨花板的物理力学性能

性能指标	单位	数值
密度	kg/m³	1180
含水率	%	10.07
静曲强度	MPa	11.95
弹性模量	MPa	3686
内结合强度	MPa	1.03
吸水厚度膨胀率	%	3.78

12.3.2　粉煤灰刨花板

粉煤灰刨花板是借助于粉煤灰的胶黏特性，添加一定量的水、刨花和添加剂，在一定温度压力下，发生水化、凝结和固化而获得的一种板材。

(1) 粉煤灰原料

粉煤灰是煤炭燃烧过程中产生的一种废料，每燃烧 1t 煤，就会生成 150~160kg 的粉煤灰。目前，我国火力电厂每年都要产生数量可观的粉煤灰，大约为 8000 万~10000 万 t，如此大量的粉煤灰已给环境造成了巨大的压力。

粉煤灰主要由硅、铝和钙的化合物组成，还含有少量镁、铁、钠和钾的化合物，与水混合后具有一定的胶黏性，因此可以作为胶凝材料制造人造板。不同产地的煤和不同燃烧条件下产生的粉煤灰化学成分存在着较大区别。

(2) 粉煤灰刨花板生产过程

粉煤灰刨花板的生产工艺过程与水泥刨花板相似，包括原料准备(粉煤灰和木材刨花)、搅拌、铺装、热压、养护、裁边和砂光等工序。为改善板材的性能，一般在生产粉煤灰刨花板时，还须添加一定量的水泥。

(3) 粉煤灰刨花板性能

影响粉煤灰刨花板性能的因素主要包括粉煤灰的特性、原料配比、热压温度、添加剂种类及用量等。

粉煤灰刨花板主要用作墙体材料，实验室制造的粉煤灰刨花板性能见表 12-9。

12.3.3　菱苦土刨花板

菱苦土刨花板是用菱苦土和木材(或其他植物纤维)刨花混合，经固化而制成的一种板材。

菱苦土是白色或浅黄白的粉末，主要成分为氧化镁。用于生产菱苦土刨花板的原料，氧化镁含量不得低于75%。菱苦土通常用铝化镁调和，能有效地提高固化速度和强度。

菱苦土刨花板的生产过程与水泥刨花板相似，其中主要成分为菱苦土、木材原料(木屑、木刨花和木丝等)、添加剂等。一般采用冷压工艺生产。

菱苦土刨花板具有防火、保温和价格低廉等优点，是一种合适的建筑材料，可用作墙板、天花板等。

本章小结

　　无机胶黏剂刨花板，就是将水泥、石膏等无机胶凝材料和木材（或非木材植物）刨花按一定比例混合后，热压或冷压制成的一类人造板材，产品往往兼有木材和无机材料的性质。与传统的木质刨花板生产工艺相比，无机胶黏剂刨花板具有原料来源广泛、生产工艺简单等特点，但一般对木材树种具有选择性。无机胶黏剂刨花板主要包括水泥刨花板、石膏刨花板、矿渣刨花板、粉煤灰刨花板和菱苦土刨花板等，其具有许多木质人造板所不具有的优点，如不燃、抗冻、耐腐和无游离甲醛释放等，是一类有发展潜力的新型结构人造板。

思 考 题

1. 简述水泥刨花板和石膏刨花板的结合机理、生产过程和影响因素。
2. 试比较木质普通刨花板与无机胶黏剂刨花板生产工艺的异同点。

第13章

模压刨花制品

模压刨花制品不同于一般的刨花板产品,是刨花板的一个重要分支。利用模具可以制造出各种复杂形状的模压刨花制品。模压刨花制品品种繁多,按照产品用途,主要分为家具类模压刨花制品、建筑类模压刨花制品、包装类模压刨花制品和工业配件类模压刨花制品四大类。本章重点介绍了家具类模压刨花制品的生产工艺、设备和产品性能,并对其他三大类模压刨花制品进行了简介。

刨花模压制品与刨花板生产相比,无论在制品形状、原料要求还是在模具设计和生产工艺上都有其特殊性。

13.1 概述

模压刨花制品是刨花板产品的一个重要分支,它不同于一般的刨花板产品,其主要的特点是可以利用模具制造出各种复杂形状的制品,甚至可以在制造过程中同时完成表面装饰。产品品种多样,已广泛应用于人们的日常生活中。

13.1.1 定义

模压刨花制品是施加胶黏剂和辅料的木质刨花材料(如木材刨花、亚麻屑、甘蔗渣、棉秆、竹材等)经成型模具热压而制成的产品。

13.1.2 特点

模压刨花制品是刨花板的一个特殊品种,它具有如下特点:
①可以根据产品的使用要求来设计其外形和截面,并用专门设计制造的模具一次压制成具有各种花纹图案和表面装饰效果的产品。
②模压刨花制品的正面和背面常有不同的外形轮廓,各边的外形也往往不相同。
③模压刨花制品的用胶量比普通刨花板高,施胶量一般为10%~20%。
④模压刨花制品采用的刨花规格为能通过8目、留于32目筛网上的刨花。

13.1.3 模压刨花制品的分类

模压刨花制品品种繁多,目前市场上出现的刨花模压产品已达近千种,它们在原料、胶黏剂、添加剂、生产工艺、表面装饰等方面都不尽相同。关于刨花模压制品,目前国内外还没有统一的分类方法。最常见的是按产品用途进行分类。

一般按照产品的用途，可把刨花模压制品分成四大类：

①家具类模压刨花制品：主要有方台面、圆台面，凳椅座、背，橱柜门扇，抽屉，厨房用具，露天桌椅，卫生间用具，各种餐盘和软垫家具的骨架部分等。

②建筑类模压刨花制品：主要有异型构件、覆盖板、天花板、裙板、踢脚板、窗帘盒、散热罩、挂镜线、阳台板、楼梯扶手、门和门框、窗台、墙板等。

③包装类模压刨花制品：主要有托盘、包装箱和底盘等。

④工业配件类模压刨花制品：如音响、电视机壳、汽车和机车内衬、装潢部件、方向盘、鞋楦和浮雕工艺品等。

13.2 家具类模压刨花制品

家具类模压刨花制品包括各种台面、橱柜门扇、凳椅座背、厨房用具、课桌等，除了软垫家具的骨架部件外，大部分产品需用装饰纸贴面。产品主要用于家庭、学校、宾馆、饭店、厨房以及露天公共场所。

13.2.1 生产工艺

在家具类模压刨花制品的生产中，刨花制备、干燥和分选等工序基本与普通刨花板生产相同。自刨花拌胶工序开始，与普通刨花板的生产便有较大区别。图13-1所示为模压家具制品生产工艺流程。

13.2.2 工艺过程说明

①刨花制造、干燥、筛选：与普通刨花板相似。原料宜选用中低密度的针叶材或阔叶材，如松木、冷杉、桦木、杨木、枫木等，以原木和小径木为佳，也可使用枝桠材，含水率以30%~50%为宜。含天然树脂较多的木材一般不适用于模压制品。此外，非木材植物原料如甘蔗渣、亚麻屑、棉秆和竹材等，也可以作为刨花模压制品的原料。

刨花形状以薄平状为好，刨花厚度为0.1~0.5mm，长度为3~25mm，形状复杂和薄壁制品宜选用较小尺寸刨花。干燥后刨花含水率应控制在1.5%~2.5%之间，过高的含水率制品容易在热压过程中出现分层或鼓泡的现象。干燥后的刨花需进行筛选，过大刨花经锤式粉碎机再碎后使用，过小的木粉则需剔除，以免影响拌胶的均匀性和产品强度。

②拌胶：根据模压制品的使用场合不同，应采用不同的胶黏剂。在室外和潮湿地方使用的产品可用酚醛树脂或异氰酸酯胶。室内干燥场所使用的制品常采用脲醛树脂胶，室内潮湿处使用的制品可在脲醛树脂中添加部分三聚氰胺树脂来增加防潮性能。模压刨花制品适用树脂的技术指标见表13-1。施胶量一般控制在10%~15%，增大施胶量可提高制品的静曲强度、平面抗拉强度、表面硬度和降低吸水厚度膨胀率。为提高预压后毛坯的强度、避免复杂形状制品内部产生空洞、加强边缘密实度和提高表面质量，常选用较大的施胶量。此外，可根据需要施加适当的防水剂、防腐剂和阻燃剂等添加剂。

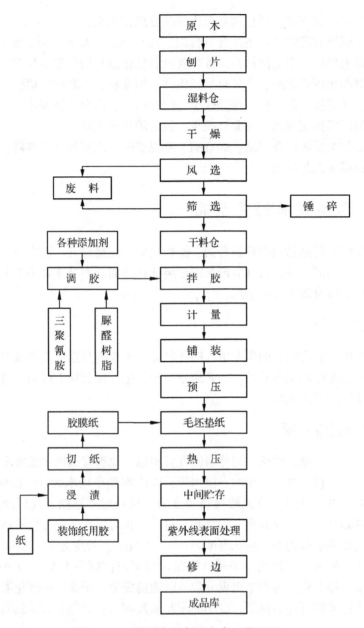

图 13-1 模压家具制品生产工艺流程

表 13-1 模压刨花制品适用树脂的技术指标

名　称	黏度 ($\times 10^{-3} Pa \cdot s$) (20℃)	固体含量 (%)	密度 (g/cm^3)	pH 值	游离甲醛 含量(%)	储存期(月) (20℃)	适用期(h) (20℃加固化剂)
脲醛树脂	950~100	65±1	1.29	7.5~8.0	<1.5	1~2	2~6
三聚氰胺树脂	55~100	54±1	1.23~1.24	9.0±0.1	<1.0	1~1.5	—
酚醛树脂	1000~2000	45~50	—	—	<2.5	1	—

③铺模：铺模是模压制品生产过程中的重要工序，要求各处密度均匀，边缘和转角部分必须密实，拌胶刨花不能有结团或胶块，细刨花放在表层、粗刨花铺在芯层以提高制品表面质量。铺模可采用手工铺模或用专用铺装机铺模。机械铺装与普通刨花板相似，适用于截面形状变化不大的长条形制品；气流铺装适于形状复杂的部件，尤其是具有垂直壁薄部件；振动铺装适应性强，简单、复杂截面都能采用，同时在铺装时可使毛坯初步密实，简化了一些复杂形状制品的压模结构。

④预压：预压是对铺模的坯料在不加热的状态下施以一定的压力，使其成为与制品尺寸和形状相似的毛坯。预压目的是使坯料具有一定的强度，易脱模、易运输、易热压装模等。一次饰面制品大多先预压成毛坯后再热压。有些较复杂形状的制品，则分解成几个部件分别预压，然后在热压模中组坯构成一体。对于局部有加强和高密度要求的制品，利用预压可简化工艺。预压压力一般为 3.0~5.0MPa，随制品密度、施胶量、树种和刨花形态而异。预压时也可进行预热，这样可以缩短热压周期，但不能引起胶的固化。

⑤热压：热压是制品成型和保证应有性能的重要环节。热压分为有饰面模压制品和无饰面模压制品两种工艺。有饰面模压制品的热压过程包括压机闭合、升压、保压、降压、排气和模具张开，然后铺装饰纸，再次闭合、升压、保压、降压和模具张开，共两次热压操作；无饰面模压制品的热压过程则只需一次热压操作。

常用的热压工艺条件为：温度 160~190℃，压力 3.0~6.0MPa，时间按成品厚度为 12~16s/mm。

⑥饰面：表面多用三聚氰胺装饰纸，当木材含天然树脂较多时应加隔离纸。为了提高表面质量可在装饰纸内层加底层纸。如需提高贴面的耐磨性，可在装饰纸表面增加表层纸。制品背面可用三聚氰胺与脲醛树脂混合液浸渍的背面纸贴面，也可用酚醛树脂浸渍的背面纸贴面。

13.2.3 模压设备

模压生产线的前端工序，包括刨花制造、干燥、分选和贮存均与普通刨花板相同，可以根据工艺要求和生产规模选用刨花板生产的通用设备。从拌胶以后起，模压制品生产所用的设备均为专业设备。模压生产的专业设备主要包括周期式拌胶机、模具和铺模装置、预压机、热压机等。这些设备共同的特点是间歇式生产。

(1) 周期式拌胶机

由于铺模、预压和热压都是间歇式生产，故模压生产线多选用周期式拌胶机。图 13-2 为模压生产中常用的 BS11 型拌胶机的结构示意图。

胶筒的下部管道与喷嘴连接，压缩空气由另一通路同时通往喷嘴。在压缩空气的作用下，胶液呈雾状喷入搅拌筒内。调节进入胶筒的胶液流量和压缩空气的压力，可以得到满意的雾化及较高的生产效率。拌胶机内喷嘴数一般为 2~8 个。

(2) 模具

模压制品是在专门设计的模具中成型的，一般模具分为预压模和热压模。模具应便于原料和饰面材料的铺装、压制，热压时能顺利排除加热产生的蒸汽，并便于产品的脱

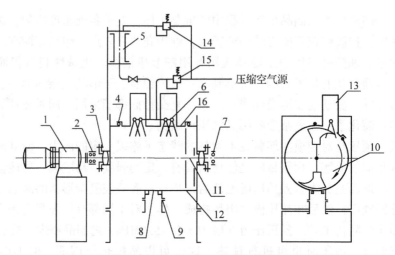

图 13-2　BSII 型周期式拌胶机结构示意图

1. BWD4-23-11 型减速器　2. 滚珠轴承　3. 浸油石棉盘根　4. 上盖　5. 胶筒
6. 喷嘴　7. 滚珠轴承　8. 排料门　9. 排料门的密封胶条　10. 桨式搅拌器
11. 轴　12. 搅拌器　13. 帆布袋　14、15. 减压阀　16. 与上盖粘连的密封胶条

模；同时模具形状必须保证产品形状，保证各部分密度均匀，以免产生变形。一般预压模采用优质钢，热压模采用高强抗酸的不锈钢。模具设计时必须认真考虑刨花的比容率（指松散的拌胶刨花与模压制成品的体积比）、刨花的流动性、预压回弹率、热压收缩率以及坯料的含水率和挥发物的含量等问题。

①预压模具的特点：多为上压式垂直加压模具。预压后毛坯的形状接近于成品，一般用冷压方法；要求有足够的铺装空间，便于人工或机械进行一次或多次铺装，采用不溢料结构。为了适应刨花比容率大、流动性差的特点和保证毛坯密度均匀，一般都设置弹性活动件，在压制过程中可逐步补偿毛坯不相等厚度方向的压制形成，保持毛坯上表面为水平铺装面。

②热压模具的特点：多采用溢料结构，有凹模（阴模）、凸模（阳模）、导向、加热、排气、留料脱模等装置。模具表面光洁，有一定的脱模斜度和导向装置。

13.2.4　典型产品和性能

模压家具制品主要为各种形状的桌椅台面，其典型产品外形和边缘剖面如图 13-3 所示，产品主要物理力学性能要求见表 13-2。

表 13-2　典型家具类(贴面)产品的性能要求

性能指标	单　位	优等品	一等品	合格品
密　度	g/cm³	0.60~0.85		
含水率	%	5.0~11.0		
静曲强度	MPa	≥20.0	≥18.0	≥16.0
内结合强度	MPa	≥1.0	≥0.80	≥0.70

(续)

性能指标	单 位	优等品	一等品	合格品
吸水厚度膨胀率	%	≤3.0	≤6.0	≤8.0
握螺钉力	N	≥1000	≥800	≥600
表面胶合强度	MPa	≥1.0	≥0.90	≥0.90
表面耐磨性	mg/100r	磨耗值≤80，表面留有50%花纹		
表面耐开裂性能	—	无开裂、无鼓泡、允许光泽轻微变化		
表面耐蒸汽性能	—	不允许有突起、变色和开裂		
表面耐香烟灼烧性能	—	允许有黄斑和光泽轻微变化		
表面耐污染腐蚀性能	—	不污染、无腐蚀		

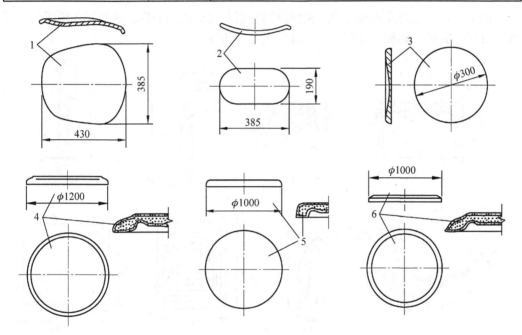

图13-3 典型家具类产品外形及边缘剖面(单位：mm)
1. 椅座　2. 椅背　3. 凳面　4、5、6. 圆桌面

13.3　建筑类模压刨花制品

模压刨花制品建筑构件分外部建筑构件和内部建筑构件，主要产品有覆盖板、墙板、裙板、天花板、阳台板、散热器罩、门窗和门窗框、楼梯扶手以及花台等。

13.3.1　产品要求

①力学性能：要求具有良好的力学性能，截面形状应根据受力情况设计，局部可设计加强筋或边缘加厚。不允许翘曲变形，使用寿命应达到10~20年。

②表面装饰性能：应有良好的装饰性能，表面可采用浸渍纸、单板、织物、玻璃纤维以及 PVC 薄膜进行贴面，背面可用酚醛树脂浸渍纸贴面。

③耐候性：室外用建筑构件应具有良好的耐候性，在交替变化的气候条件下不开裂、不变形、不褪色。

④耐磨、耐油污、耐酸碱性：室内用构件应有良好的耐磨、耐油污、耐酸碱腐蚀的性能。

⑤防潮性：短期直接与水接触应不透水，吸水速度低于木材。

⑥阻燃性能：一些有防火要求的场所要求模压构件具有一定的阻燃性能。

⑦配套性与方便性：产品应规格齐全，可配套使用，且安装方便。

13.3.2 典型产品

图 13-4 所示为几种典型建筑类模压刨花制品的形状和规格。这些刨花模压制品可用于餐厅、宾馆、学校、办公楼、家庭住宅等建筑物。

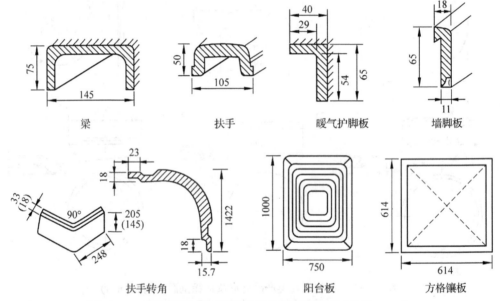

图 13-4　几种典型模压建筑构件的形状和规格(单位：mm)

13.3.3 产品性能

模压建筑构建的物理力学性能应满足前述产品要求。目前，我国尚无该类产品的相关标准。表 13-3 列出了德国相关标准所规定的模压建筑构件性能指标。

13.4 包装类模压刨花制品

模压包装类制品主要有各种托盘和包装箱，该类产品一般不需要贴面，但其强度要求比较高，且形状比较复杂。本节简要介绍托盘的特点和生产工艺。

表 13-3　模压建筑构件的性能指标(德国标准)

性能指标	室内用构件	室外用构件	阳台构件	装饰彩板	测试标准
密度(g/cm^3)	0.70~0.80	0.80~0.90	0.80~0.90	0.80~0.95	DIN52361
静曲强度(MPa)	30~35	40~45	40~45	30~40	DIN52362
弹性模量(MPa)	4000~5000	4000~6000	4000~6000	4000~6000	DIN52i62
平面抗拉强度(MPa)	1.0~2.0	2.0~3.0	2.0~3.0	2.0~3.0	DIN52365
握螺钉力(N/mm)	150	150	150	150	Werz 公司标准
吸水厚度膨胀率(%)					
2h	0.3~0.6	0.3~0.6	0.3~0.6	0.3~0.6	DIN52364
24h	5.0~8.0	4.0~5.0	4.0~5.0	4.0~5.0	
耐温性能(℃)					
长期	-78~+92	-78~+92	-78~+92	-78~+70	
短期	+180	+180	+180	+180	
阻燃性能					
一般产品	B_2	B_2	B_2	B_2	DIN4102
阻燃产品	B_1	B_1	B_1	B_1	
由水分和温度引起的长度变化(mm/m)	1~3	1~3	1~3	1.5	
蒸汽渗透率(渗透值折算成空气层厚度,m)	5~15	5~15	5~15	—	DIN52615
耐香烟灼烧性能	耐	耐	—	—	DIN53799
化学稳定性	好~极好	好~极好	—	—	DIN53799

13.4.1　产品特点

图 13-5 所示为两种通用型的模压托盘结构。与实木托盘相比，刨花模压托盘具有很多优点：

①采用薄壁结构，强重比高；承载量与自重之比可达 30~60。

②尺寸精确，堆放时节省空间；形状稳定，不易变形。

③边缘光滑过渡，无尖角和棱边，不易破碎。

④无螺钉、卡环等金属连接件，不会损坏货物及其包装。

⑤可根据具体要求，选用不同胶黏剂和添加剂，可制造具有耐水、阻燃、防腐等不同性能的托盘。

⑥不需大径级原木，可用速生小径材制造。

⑦不会携带"天牛"等植物病虫害，符合出口包装要求。

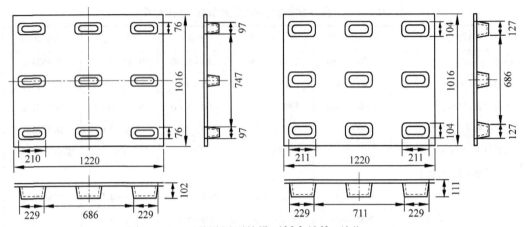

图 13-5　两种通用型的模压托盘结构(单位：mm)

13.4.2　生产工艺

刨花模压托盘的制造过程类似于家具类模压制品，但它不需要贴面，工艺相对简单。目前，世界上有两种模压托盘的制造方法，一种是美国 Haataja 法，另一种是德国 Werzalit 法。图 13-6 所示为美国 Haataja 法模压托盘生产工艺流程。

Haataja 法的工艺过程如下：

①原料和刨花制备：为减少托盘的自重，应尽量选用密度低的木材(如杨木)。刨花的制备与定向刨花板生产中相类似，刨花为薄长条状刨花，长 50mm，宽 10~20mm，厚 0.5mm 左右。用这样的刨花制造的托盘力学强度高。

②刨花干燥与分选：刨花干燥方法和设备与定向刨花板相似，干燥后刨花终含水率一般控制在 2%~3%。干燥后的刨花经过分选，将过大刨花和细小的刨花除去。

③拌胶：为了防止刨花破碎，一般采用滚筒式拌胶机。可设两个喷胶系统，以便施加不宜混合在一起的两个胶种。一般采用异氰酸酯和脲醛树脂混合胶，或酚醛树脂与三聚氰胺树脂胶。施胶量一般为 4%~10%。

④铺装及热压：铺装采用专用设备，一般分两次进行，先铺托盘腿，预压后再铺托

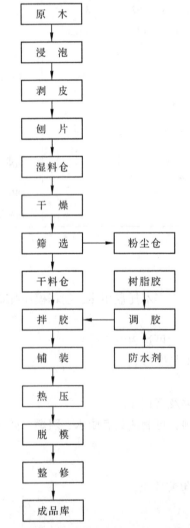

图 13-6　Haataja 法模压托盘生产工艺流程

盘的平面部分,以保证腿部密实。热压时凸模部分固定在热压机上部活动横梁上,凹模部分往返于热压机或铺装机之间,并配有专用脱模装置。

⑤整修:主要是除去制品边缘多余的飞边。

13.5 模压工业配件

模压工业配件的种类繁多,但我国这方面的生产企业较少,南京林业大学曾分别采用竹子和阔叶材锯屑为原料开发成功了模压纺织竹梭和鞋楦制品。制造工艺大致与包装类模压刨花制品类似,只是根据制品的用途不同应选用不同的刨花形态、胶黏剂、添加剂、模具以及适宜的热压压力等,在此不再赘述。图13-7和图13-8所示分别为模压纺织木梭和模压鞋楦的外形图。

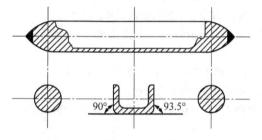

图13-7 模压纺织木梭外形图

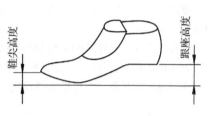

图13-8 模压鞋楦外形图

本章小结

模压刨花制品是刨花板的一个重要分支,但它的生产工艺过程和产品性能不同于一般的刨花板产品。利用模具可以制造出各种复杂形状的模压刨花制品。模压刨花制品品种繁多,按照产品用途,主要包括家具类模压刨花制品、建筑类模压刨花制品、包装类模压刨花制品和工业配件类模压刨花制品四大类。模压刨花制品的原料可以是木材原料,也可以是甘蔗渣、亚麻秆、棉秆和竹材等非木材植物原料。模压刨花制品一般都采用间歇式生产,其前端的工序和设备,如刨花制备、干燥、分选等与刨花板生产基本类似,其他工序则都需要专门的设备和工艺。模具和压机是模压的关键设备。模压制品的形状、尺寸多种多样,制造时必须根据产品要求采用相应的模具、加压装置和加热方式。

思 考 题

1. 刨花模压制品有什么特点?包括哪几类产品?
2. 试述家具类模压刨花制品的生产工艺过程。
3. 建筑类模压刨花制品有什么要求?主要用途是什么?
4. 刨花模压托盘与实木托盘相比具有什么优点?

参 考 文 献

东北林学院. 刨花板制造学[M]. 北京：中国林业出版社, 1988.
顾继友. 胶黏剂与涂料[M]. 2版. 北京：中国林业出版社, 2012.
郭红英. 分级式铺装机在刨花板生产中的应用[J]. 中国人造板, 2009(7)：23-25.
胡广斌, 肖小兵. 我国刨花板生产现状[J]. 中国人造板, 2009(11)：10-13.
胡广斌. 世界刨花板生产能力发展概况[J]. 林产工业, 2011, 38(3)：44-46.
华毓坤. 定向刨花板在建筑中的应用前景[J]. 木材工业, 2003, 17(3)：1-2.
康球. 新型建筑材料——定向结构板在建筑上应用[J]. 建筑人造板, 1997(2)：18-19.
科尔曼. 木材学与木材工艺学原理——人造板[M]. 北京：中国林业出版社, 1984.
李刚, 荣伟, 陆宏雷. 均质刨花板的生产技术与市场发展前景[J]. 林业机械与木工设备, 2003, 31(8)：10-12.
李薇, 姜征. 定向刨花板产品市场现状与展望[J]. 木材工业, 2006, 20(1)：8-11.
刘恩永. 刨花板与纤维板生产技术[M]. 北京：中国林业出版社, 2007.
龙晓凡, 甘雪菲. 人造板板坯预热及热压工艺研究[J]. 林业机械与木工设备, 2011, 39(7)：4-5.
梅长彤, 周晓燕, 金菊婉. 木材工业实用技术指导丛书——人造板[M]. 北京：中国林业出版社, 2005.
彭宪武. 均质刨花板生产工艺与设备[J]. 人造板通讯, 2003(11)：18-19.
齐英杰, 胡万明. 我国刨花板工业的发展与历史回顾[J]. 林产工业, 2011, 38(2)：50-52.
荣伟, 郭红英, 李刚. 不同类型刨花板铺装机性能之比较[J]. 人造板通讯, 2005(8)：25-29.
沈学文. 刨花回转筛和分级筛的结构与使用[J]. 中国人造板, 2010(5)：23-26.
施瑾瑾, 朱典想, 郭东升. 刨花板原料筛分设备发展现状及趋势[J]. 木工机械, 2011(3)：24-27.
谭守侠, 周定国. 木材工业手册[M]. 北京：中国林业出版社, 2007.
汪华福. 木材工业实用大全·刨花板卷[M]. 北京：中国林业出版社, 1998.
汪晋毅. 刨花板滚筒式干燥机的特性分析[J]. 木材工业, 2012, 26(2)：51-54.
王英, 减洪伟. CS3型分级筛使用效果分析[J]. 林业机械与木工设备, 2010, 38(8)：38-39.
卫宏, 郭晓磊, 曹平祥. 人造板连续平压机板坯厚度在线监测技术的现状与研究[J]. 中国人造板, 2011(8)：19-23.
吴立农. 定向刨花板的生产工艺及国内市场开拓[J]. 林业机械与木工设备, 2000, 28(1)：20-22.
向仕龙, 蒋远舟. 非木材植物人造板[M]. 2版. 北京：中国林业出版社, 2008.
肖小兵. 均质刨花板生产技术[J]. 林产工业, 2000, 27(5)：25-26.
谢敏芳. 我国定向结构板市场前景和发展探讨[J]. 林业机械与木工设备, 2007, 35(3)：9-12.
熊建军, 郑凤山. 分级式铺装机的结构及其使用[J]. 中国人造板, 2011(4)：17-20.
熊建军, 郑凤山. 分级式铺装机的结构及其使用(续)[J]. 中国人造板, 2011(5)：16-19.
熊建军. 机械式铺装机的原理与结构[J]. 中国人造板, 2010(11)：20-25.

熊建军. 气流式铺装机的类型与结构[J]. 中国人造板, 2010(12): 20-22.

徐有明. 木材学[M]. 北京: 中国林业出版社, 2006.

严谨, 余建辉等. 中国刨花板产业国际竞争力的评价及国际比较[J]. 莆田学院学报, 2011, 18(1): 33-37.

于志明, 李黎. 木材加工装备(人造板机械)[M]. 北京: 中国林业出版社, 2008.

周定国. 人造板工艺学[M]. 2版. 北京: 中国林业出版社, 2011.

Charles G. Carll, William. C. Feis. 1987. Weathering and decay of finished aspen waferboard[J]. Porest Products Journal (37): 27-30.

John C. F. Walker. 2006. *Primary wood processing: principles and practice*[M]. Chichester: John Wiley & Sons Ltd. Netherlands: Springer.

Thomas M. Maloney. 1986. *Modern Particleboard & Dry-process Fiberboard Manufacturing*[M]. San Francisco, California: Miller Freeman Publications, Inc.